迎戰
微型創業新零售 F

跨境電商
全攻略

目錄

CH3 哪裡可以賣？我的賣場在哪裡？

CH4　不滿足於現況，更大的海外跨境資源

CH6 一個人創業不能停，放眼未來商機

推薦序

一場新冠肺炎的疫情，改變了全世界人類的消費習慣、商業模式及人際關係，目前看到許多國際知名的大型企業紛紛倒閉、裁員、縮編、重置等，而這種變化是我們未曾經歷過，這也意味著未來世界的變化，已經無法依我們以往的經驗去判斷，它考驗著每個人、每個企業的應變能力。

通常大企業對於未預期的變化反應及應變能力，相較於小型企業要慢得多，但小型（微型）企業也有比大型企業缺乏資源整合能力、市場能量分析、品質管理、財務規劃的風險，如何能在輕時代（微型）中創業成功，就要有些準備，這本虛實融合的個人電商微型創業的書即時出現，一來符合現在的商業模式，二來也提供許多微型創業所需思考及準備。

本書從個人創業，如何找到貨源，賣場在那裡，自建交易通路，進而做到跨境貿易…等，其中陳述了個人豐富的經驗、極其細膩的思維…，提供給一些想要自行創業的年輕人一條指引。

我跟作者偉宙的母親同在大學任教多年，對他有些基本的認識，他在一個普通軍人的家庭中長大，自幼努力向學，為自己規劃未來，努力扮演好每一個角色，在其為子、為夫、為父、為業中惕勵自己，如今又更求在學術上的精進，努力攻讀企管博士學位，可謂是一位有規劃、且有執行力的優秀青年，本人也深感榮幸能在他第四本相關書籍中寫序，只期能為年青創業的朋友們提供一些參考，以成就其個人的夢想。

───────────── 樹德科技大學董事長　朱元祥

序

1

自己很榮幸的出版了第四本著作,將自己多年所觀察的經濟市場變化及輔導的案例,轉化為文字,並且為了資料及知識的可信度,將商學相關理論作為基礎背景,不是只有單純的主觀經驗,就是希望書中的內容能讓讀者們精確有效的應用。

有感於現今市場單一化實體通路的經營已是有目共睹的困境,利用虛擬社群平台才能打通國際全市場,對於業者而言是刻不容緩的經營趨勢。

全球零售業的衰退,是近幾年來非常明顯的趨勢,電子商務的興起更是對為數眾多的實體店打下沉重的一擊,造就了全球失業潮,有很多大企業都紛紛支撐不住倒閉,不管是商店、餐廳、零售、銀行或汽車經銷商等等,整個實體零售業似乎正經歷一場巨大的結構性衰退。

特別是在今年 2020 年新冠肺炎 COVID-19 大爆發後,更加速了為數不少的實體店面的消失,促進電子商務快速蓬勃發展,虛擬電商的經營販售範圍從銷售購物平台、外送、行動錢包等,一切與科技相關連接的更緊密,同時對於消費客群而言便利性也更高。

相對的,引起近年來零售實體店屢屢受到衝擊的原因,其成因極為複雜不易歸納,可以簡要的區分為技術、文化以及社經環境三個層面。

以技術來說、網路普及與各種電子商務的應用,讓傳統零售業的商業模式受到極大的挑戰,各種便利的一鍵下單操作系統,及網路上各種評價及比價平台的興起,讓價格的透明度與便利性完全無法同日而語。再加上網路的發展讓網紅與素人經濟大行其道,Facebook 臉書、Youtuber 近來的當道,令傳統零售業在行銷主力上便顯得停滯不前。

而文化層面牽涉到消費客群心態的變化，現代的消費客群更重視生態環保，不崇尚消費主義，相較於過去大眾追求擁有的感覺，現今反而轉加追求體驗與共享。

期許在這個急速變動的時代，產業及經營者甚至是個人，都能夠順利的經營，並且利用斜槓創造多元的機會與可能性。這本書集結了國際情勢觀點、商學理論基礎、產業個案實例…等綜合的分析敘述，藉由此書，希望傳達除了中大型企業體，即使是個人，都能成為獨立的經濟體，將商品及勞務，利用虛擬數位科技及社群，將品牌成功的推展銷售出去，並且跨足外銷於世界市場，真正走向國際化品牌之路。

最後感謝出版社及讀者們對自己的信任，讓自己所出的書在市場上具有參考價值，也是商管經營類的暢銷書，真的非常感謝大家，能用寫作記錄自己的輔導志業及市場觀點歷程，是種不可言表的幸福。

———————————— Sidney Huang　　黃偉宙

序 2

很榮幸可以參與這一本書的撰寫與編輯,身在這個零售與電子商務的產業中,一直以來都必須要跟上隨時在變動的趨勢與潮流,甚至不能等到事情發生了才開始想可以怎麼辦?需要提前思考、超前部署,讓自己以及我們輔導的學員業者們都能儘早準備,以免事情發生才來不及應變、造成慘況。

在 2019 年我們都沒有料想到會有新冠肺炎的疫情影響,對於整體景氣評估時相對比目前是樂觀的,但受到來自疫情的考驗,不得不選擇改變,打破既有的經營邏輯,走向微型創業的思考方向與做法,才能將衝擊最小化,並盡可能的維持獲利與生存。

這本書算是將一整系列的個人微型創業,做了一次歷程上的統整,創業這件事情也許你會從新聞報導等資訊上看到:成功率並不高(甚至說很低,只有極少數的人可以成功)。但真的是如此嗎?其實是沒有按照能夠降低風險的方式來操作執行罷了!

從初步的市場狀態分析與獲利機會的評估,一路到形象、社群(Facebook 臉書等)、商品的經營都有其眉眉角角;複製曾經的經驗可以是成功的方法嗎?在我看來不盡然,因為時代在改變,環境情況也是不同,固守既有的經驗,其實是相當受到質疑的狀況。因此,無論你是已經創業的創業者、或者是正想要進入這個產業的新進創業者,都需要提醒自己:學習並且挑戰自己既有的已知印象是很重要的!沒有永遠正確的答案(方法),讓自己在對的時間用上最適合的方法,才更能讓成功機會暴增。

最後希望各位讀者,期待你們看完這一本書能夠有所收穫。祝福大家能夠順利的從趨勢中找到機會,並且順利經營。找到機會並非只有你能夠辦到,但是,要如何創造出

你自己的差異化，那便是成功與否的很重要因素。增加自己本身具有的優勢、專長、能力，再接著透過多一分的努力，想要開創出比同業更多的優勢才是你的成功資本，機會永遠是保留給已經準備好的你。

──────────────── Sophia Chen　　陳若甯

Chapter

1

一個人就能創業嗎？

1-1
個人電商微型創業
從這裡開始

A. 區域政治經濟牽動創業的思維發展

在這個動態的世代，區域政治經濟的變動著實影響著我們，目前兩岸關係稍有緊張氣氛，並不像過去如此緊密相接，但是產業仍舊呈現互補的狀態。

這幾年來，兩岸領導人分別提出了：「新南向策略」與「一帶一路」。其中「新南向策略」將東協十國及南亞六國列入經濟方針的重點，主要以教育、觀光、公共基礎建設、人才相互交流、農業等為經濟重點；如此一來，對於過去依存於對岸的台商而言，是一項新的投資跟領域。

反觀大陸領導人則積極推出「一帶一路」，範圍橫跨歐亞非三大洲，主要以相互公共建設及運輸通路、高科技機械化設備、觀光、人才交流為主軸，但身在台灣的我們，偏偏在這個宏大跨區域經濟計劃中缺席了。

台灣在經歷了過去政府長達八年對大陸經濟策略的高度依存，在這一、兩年突然的轉向；再加上政黨輪替後，政府對於勞動意識的抬頭，實施了一例一休等相關政策，使得高度以服務、製造業為主的廠商們，從過去的高人力、高時數勞務，必須短時間內強迫轉型成高智慧、高創新、低人力、低工時的高效能產業。

此一政策施行下來，對於台灣產業結構 70% 的中小企業主們，是一大震撼及殺傷力，使得許多中大規模的台灣企業相繼出走；企業選擇對岸大陸或是歐美各國，繼續高度製造、創新研發之路，這樣的狀態也使得高階工作機會相對減少，進而造成所得收入的平均值降低。

同時，因區域貿易及政治影響，企業獲利變低及原物料取得成本提高，企業主也開始降低員工薪資來因應，進而影響員工收入不如預期，自然對於消費採取保守策略。在這種惡性循環下，也發生了內需消費無法提振的狀態，許多人為了養家活口，讓生活收入具有一定的水準跟平衡，紛紛開始選擇海外工作，或思考起創業這件事。

B. 創業除了想實現夢想之外，「心態」最重要

台灣民眾是個非常喜愛創業的族群，原因除了內需經濟不振、職場收入所得較低之外，政府大力的宣導，及提高補助放貸金額、低利息，也是不可或缺的原因之一。

然而，根據經濟部近年來統計資料所顯示：成立事業營利單位滿一年沒有倒閉的企業只有 5%；若能通過五年的淬煉洗禮，能繼續生存的只剩 1%。因此，對於筆者而言，這是一個相當令人惋惜並且震撼的數據。

在政府的鼓勵、多方的輔導之下，為何會有這樣的狀況發生？歸咎原因在於：多數人只把創業當成「夢

想」，沒有經過深思熟慮的計劃與評估；再加上許多勵志書不斷鼓勵去做，灌輸正向勇氣思考、不要怕失敗等思維，在這樣的氛圍之下，人們便貿然前行，而這一類的創業者，坦白說缺乏了很多風險評估以及應有技能的培養，這或許就是讓一大堆人葬身創業這紅色血腥大海的關鍵因素。

想要降低創業可能帶來的風險與挫敗，需要哪些素質、相關認知及技能呢？首先，必須先反思自己的「心態」。

許多職場上班族，大都認為老闆擁有時間及財富操控的自由，不用像一般上班族般朝九晚五，同時公司的行政事務都不需親自處理，也無特定工作時間、來去自如，在資金及花費上都能隨意，完全不受到拘束；這樣的想法，是對於創業者老闆們有相當大的認知偏差。

在創業初期，老闆的時間幾乎是二十四小時隨時警戒，絲毫沒有放鬆的時刻，當然，更不可能有所謂的休假，必須時刻思考著公司企業目前的優劣勢及市場品牌導向；作為一個領航者，財務方面更是沉重的負擔及壓力來源，深怕公司企業的資金有哪一天調度不來，這都是創業初期、中期的家常便飯。而職場員工無論公司企業有無獲利，付出了勞務就可領取薪資，反觀身為創業者的老闆們，在公司企業沒有獲利的狀態下，自己無償做白工就算了，也一定要發薪水給員工，因此許多創業者就算是到處借貸也要生出款項。因此說，「心態」是創業者第一個需思考的要點。

創業者的心魔之一，就是只看到成功的榮景，無法接受所謂的失敗，許多事物就算規劃的再謹慎嚴密，都難免有許多不確定的因子，導致企業公司獲利受損甚至倒閉；所以若無法接受挫折或失敗，無法以一切歸零、重新出發的心境調整，那就真的不要嘗試創業這條路。

>> 創業的另一個重要環節，就是「目的」

你為什麼要創業？只是單純為了獲利、增加個人財富，或者是有所理念想推廣、幫助、分享給其他人？許多成功創業人所說的「志業」就是這個道理，是有所目的、是喜愛的，才能不斷克服創業道路上的困境，並且擁有足夠的彈性，針對事業狀態進行適時的調整方向。

筆者建議各位創業者，在開始自身事業的創業初期，必須常常反思、檢視自己所擁有的專業技能（專業度），如有不足必須提早開始進行相關知識、產業認知的累積。對於想投入的產業及勞務本身的專業高度是否能帶來市場獲利？想創業前，建議直接至相關領域企業及部門，先累積相當的技能及市場操作策略，藉以觀察市場導向，一邊實際操作、一邊分析學習，在職場中真的是最划算、無成本及損失的時光，當自行規劃策略有效，就將模式記錄下來，即使失敗了也是學到寶貴的一課，讓這些經驗活用於將來自身的企業，即能規避風險、不要再犯。

想創業就要了解產業及深入的去碰觸，如此才能知道該產業是否還有任何優勢？商場利基模式是否還有未被開發出來的商機？消費者是創業者的衣食父

母，必須在創業初期就鎖定其定位輪廓，再依照消費受眾的需求及喜好，提供專業勞務、商品，精算成本數據，分析出合理能接受的價格、通路及促銷方式等策略方向。

創業者就像是個海綿一般，不斷地吸收轉化新知，時時滿足著消費受眾的潛在需求，才有成長獲利的空間，「想創業」這件事，才有可能從夢想蛻變為理想、成為事實。

C. 微商崛起，一個人創業的數位化思維

過去台灣的創業大多以傳統產業（製造服務業）為主要核心，以高品質、高效率製程，站在國際的代工市場龍頭，並且大多依賴實體店面及展覽會議等通路種類，進行外銷進出口交易，其營業額為最主要的收入來源。

在過去的 50 年代，憑著台灣建設的經濟奇蹟成為成功的企業體，並且認為永續生存的關鍵就是壓低成本、努力製造產品，同時尋找最好的區域商圈店面來曝光品牌及企業，只要選對商圈位置，就不怕沒有龐大的主客戶群光顧消費。

但隨著近幾年，世界各國紛紛提高勞動意識及環境保護的政策，使得傳統製造代工產業一直不斷的迫遷，依循著過去成功的經驗值，尋找能夠帶來更低廉成本的落腳立足之地，企圖繼續以低成本、高人力來延續企業的生計。

如此，這樣的產業結構除了移居設廠外地的企業體，在台灣本島的內需服務產業似乎也遵循這樣的遺毒策略，所以在政府修法，通過勞動法工時的調整、及每年基本工資的提升實施下，無法支撐人力突然些微高漲的法令成本，稀釋企業微薄的利潤，造成企業一片的哀鴻遍野，引發龐大的反彈聲浪，「轉型數位化」在台灣傳統經營的企業型態中顯得刻不容緩。

>> 傳統產業的轉型 vs 一個人創業的崛起

在台灣，傳產服務業大多利用實體通路店面，做為與消費者溝通接觸的管道，實體通路店面所需負荷的成本相當高昂，一般的費用支出會有店租、裝潢、商品、人員、廣告陳列物等，這樣才有可能讓一家店面稍具銷售的型態，也因為有了實體空間，就無可避免的需先買進或製造出商品，將其放置於店內陳列銷售，這也就是俗話說，先有大投資後才可能有機會回收。

但隨著市場的變遷、消費習慣的改變，許多消費客群願意在虛擬網路的平台購買商品，大量削減了實體通路的業績量體，這樣的消費習慣與產業結構改變已經引發相當的衝擊，讓先前支出高額實體通路成本的業者苦不堪言。

微商，一個人創業的崛起，替代了其他過去小中大型企業的思維及經營型態；同時，在虛擬網路平台風行一陣後，也開始出現了商業勁敵—即虛擬社群分享交流平台的崛起。

原本這一些只是用來分享資訊及朋友間交流的平台，慢慢被業者們利用來分享並且銷售勞務商品，像是 Facebook 臉書、Line、WeChat 微信、個人網站部落格、YouTube、Instagram…等，這些平台精確掌握了每個年齡層的消費客群，及消費閱讀資訊的喜好習慣，以大數據邏輯演算分析，提供給使用的品牌業者用戶，讓業者們能找出消費者更深層的需求，進而提供勞務及產品。

由於這些分享平台的系統出現及被善用，每個企業開始大喊需要數位轉型，紛紛衍伸出專門操作及經營形象的數位行銷編輯，及所謂個體戶網路紅人們，主要目的就是協助建立品牌、企業形象與高度曝光，利用系統尋找商機需求、大量曝光接觸，慢慢資訊熟悉、塑造專業唯一形象，最後讓消費者甘願出錢買單締結。

這樣的數位通路平台出現，引發了不同的市場經營策略及方針，如：大陸地區微商經營、台灣的跨國連線代購、Facebook 臉書直播銷售、各平台的業配文等等，這樣的趨勢著實引導了傳產產業，必須走向並學習數位市場的時代。

>> 新一代的微型創業這樣玩才夠看

近來在傳統的批貨市場，也因為「代購」的崛起引發了不少爭論，傳統業者認為及堅持：若不先大量買貨回來一一挑選，如何判斷消費者的喜好，應該以長久的經驗值來創造品牌利基。

但對於新一代的創業經營者而言，有了數位虛擬分

享平台，主要的工作就是在平台上經營自己或品牌的形象，商品來源大都跟國外廠商直接連線，利用報關及貨運公司，作為與海外商品廠商彼此溝通互動的橋樑，全世界瞬間成為無界限的倉庫概念，以代購先賣後買的方式經營，確切掌握住消費者受眾及喜好商品後，才開始將其買入引進，甚至簽立獨家授權代理契約。

此類新一代創業經營者，另外為了取信於消費者，讓消費者能實地的面談及參訪，就在知名商圈成立旗艦展示店，店內的商品無法馬上現場交易，是以樣品展示空間的概念，讓消費者下訂選擇後，才跟國外下單採買。這種經營方式，大多營業額是依靠分享平台建構出來的，實體店面的功能則轉換成交換資訊、商品服務諮詢的概念。

正當台灣微商一個人創業的崛起，及傳產業者努力數位化轉型之際，許多政府相關政策及法規也必須因應市場的快速變化而調整修正，企業數位化經營後，會遇到的問題大多是虛擬交易的糾紛，雖然有消費者保護法的制定，也有相關施行細節的實施，但內容大都不盡完善，無法解決一直衍發出來的爭議及討論觀點。

1-2
創業前，為何要了解
世界產業趨勢？

A. 深入思考區域經濟的產業鏈定位

現今為全球化時代，每一個國家區域都在各個產業鏈中，扮演著所被分配的位置及角色，因而每一個區域大國間的政策與脈動，都著實影響著各位創業者的經營方向，與產業及國際區域市場的選擇。

過去的中美貿易戰爭執數年，嚴重影響各國產業的移轉跟分配，美國總統川普，覺得中美貿易談判的進度過於緩慢，所以決定了將約 2000 億美元、從中國進口的商品，將其關稅提升至 25%，另外對於剩下 3200 多億美元的商品也將提高至 25% 的關稅，這是對中國的經濟宣戰。

「一帶一路」：大陸自過去絲綢之路的現代化轉型，藉機打開中亞、歐洲的經濟與建設。

因為美國政府發現中國藉由「一帶一路」* 政策，順利連結了過去的絲路，將中亞歐的經濟體串聯起來，這是中國想要將過剩的產能，藉由雙向經濟投資推展出去，並且，與各國交易的幣別大多以美元計算，這也顯示中國想要將對美所產生的貿易順差，獲取大量的美元藉由「一帶一路」的開放型自由經濟策略消耗出去。

另外，「一帶一路」論壇與會國家多達 37 國以上元首參加，其中美國重要盟友英、法、德、日、韓、歐盟等各國，皆派經濟相關高層與會，這種作法著實想要結合中、亞、歐等經濟區域鏈，來做為對抗

以美國為主導的太平洋島鏈經濟市場 *，使得美國不得不加緊提出嚴重的經貿反制策略，減緩中國對於世界經濟體的擴張。

所謂的「一帶一路」為「絲綢之路」，更可稱為 21世紀海上絲綢之路的簡稱，中國國家主席習近平在出訪中亞和東南亞國家期間，提出共建絲綢之路經濟帶，和 21 世紀海上絲綢之路的議題，這兩個重大建議，得到了國際社會高度關注。

「一帶一路」經濟模型範圍貫穿歐亞大陸，一頭是活躍的東亞經濟圈，另一邊是中間廣大腹地、國家經濟發展潛力巨大發達的歐洲經濟圈，「一帶一路」作為一項重要的中長期國家發展戰略，目的是要解決中國過剩產能的市場、資源的獲取、戰略縱深的開拓，和國家安全強化、貿易主導這幾個重要的經濟戰略問題。

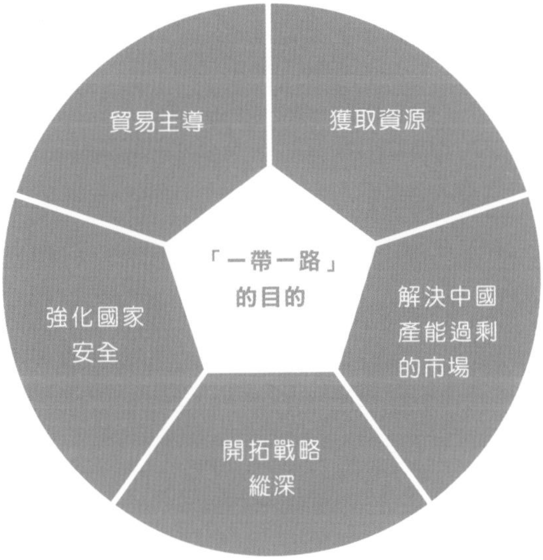

太平洋島鏈經濟市場：美國為主，結合太平洋區域（韓國、日本、台灣、泰國、澳洲等）經濟合作市場。

貿易主導　獲取資源

「一帶一路」
的目的

強化國家安全　解決中國產能過剩的市場

開拓戰略縱深

「一帶一路」涵蓋 65 個核心國家，覆蓋面積高達約 5539km²，佔全球面積的 41.3%，約 46.7 億人口，約占全球總人口的 66.9%；區域經濟總量達 27.4 億美元，占據全球經濟總量的 38.2%，所以強烈引發過去 經濟霸主美國的高度重視。

「一帶一路」的根本就是走出中國大陸，在經濟上與美國爭霸，以經濟自由主義，用以打擊美國保護主義策略。另外，投資一帶一路用的錢主要是外匯，外匯主要是美元，這些外匯如果不是用來買東西就是用來投資，再若不使用就是放在那裡閒置；外匯是不能直接用於中國國內的，中國所賺到的美元，又因為太多順差，以致美元用不掉，因為中國內需市場是不需要美元的，因此就以「一帶一路」經貿策略來解決。

>> 亞太區域變化對台灣市場影響密切

由於先前美國已實施了對於中國部分品項的徵收處罰性關稅措施，雖然因為許多民生商品由中國進口增加了成本，也相對反映了售價，讓美國民眾必須花更多錢才能滿足過去的需求，但隨著近年來一份美國國內財報的出爐，第一季的經濟成長率高達 3% 以上，失業率創 50 年來的新低，顯示提高關稅的策略措施奏效。

相對於台灣而言，美國無論在經貿及國防上都是最重要盟友，但在產業結構供應鏈上，台灣幾乎都是大陸代工製作，對於台灣廠商而言，兩個大國間的衝突造成嚴重的外銷訂單影響，所以許多台灣廠商為了繼續服務美國內需市場，只好將產製的工廠移

轉出中國，到第三方國家或自經貿區，用以避開美國對中國的高關稅策略。

近來國內紛紛提出自貿區及自經區的論見，企圖為中美貿易衝突下的台灣經濟市場定位來解套。根據台灣經貿網的說明，對於自由貿易港區＊及自有經濟示範區有以下的見解：「自由經濟區指本國海關關境中，一般設在口岸或國際機場附近的一片地域，進入該地域的外國生產資料、原材料可以不辦理任何海關手續，進口產品可以在該地區內進行加工後復出口，海關對此不加以任何干預。」

近年來為了發展國家經濟，擴大對外貿易，各國皆致力於設置自由經濟區，形式包括自由港、自由貿易區、保稅區、加工出口區、自由邊境區等。對外貿易是台灣經濟生存與發展的命脈，為確保經濟持續穩健成長，唯有市場開放與經濟自由化，與世界緊密接軌，才能突破瓶頸、開創新局。

台灣近年來積極推動的「自由經濟示範區」政策，是以「高附加價值的高端服務業為主，促進服務業發展的製造業為輔」。其中第一階段將有智慧運籌、國際醫療、農業加值、產業合作四大產業進駐，此外在特別條例立法通過前，經檢討後具發展潛力之產業，皆可隨時納入（即為 4+N），如規劃中的金融服務業（財富與資產管理），將以虛擬方式，先行先試。

自由貿易區的境內關外的貿易運輸產業鏈策略，單純降低企業跨國運輸及人流、商流成本，已經無法

自由貿易港區：跳脫國家整體政策，讓某個區域擁有較高自由度，方便與國際來接軌。

應付多變的國際經貿市場，唯有開放自由經濟區，才能將台灣產業升級，充分做到與國際接軌，讓台灣廠商擁有多國籍跨國企業的實力，藉由自經區將跨國企業組織經營的法令障礙降至最低。

B. 面臨未知風暴衝擊下的數位電商轉型

從 2019 年末到 2020 年，全球及區域的產業狀況深受這次的新冠肺炎疫情風暴影響，虛擬無接觸的經營模式成為主流，許多業者在這樣的快速轉型下，對於電商經營操作大都一知半解，往往認為，只要有了網路平台就是電商經營。

殊不知這些大型購物網站所能解決的，是物流及金流付款等問題，若僅單單透過這一類的大型電商平台經營，還是無法建立消費者們對於品牌的信任及喜好。因此，除了投入此類平台之外，運用虛擬社群分享交流平台（Facebook 臉書、個人網站部落格、YouTube、Instagram…）來建構自身品牌形象亦是不可或缺。

通常這個時候，就會有許多的創業者詢問：我需要經營幾個平台才能接觸到消費客群（粉絲受眾）？如果想要發揮較高的成效，無法只單靠一個來壯大自身的媒體實力，因此目前的社群媒體，通常會從多種平台類型中擇一，作為初始的出發平台，待初始平台有一定的資訊量、瀏覽量、粉絲受眾後，再搭配第二個、第三個，讓自身的媒體力能夠有更大的發揮空間。

儘管沒有明文規定要經營幾種類型的平台才能成功順利，但是大多的社群媒體不會放過可以讓自己有更多曝光的機會，因此，通常都起碼會採用三至四種類型的平台交互運用。社群媒體經營目的，在於創造自己的品牌形象，而個人專業品牌的形象塑造，無非就是希望能將自身的媒體形象與專業形象建立起來，有了專業形象做為背景支撐，才不會讓自己的平台淪為流水帳。

>> 專業形象成為專家，掌握後續更大資源

雖然專業度在平台經營上很重要，但在經營上也需注意：不能將自身的媒體平台經營成只有單一性的主題，需保留部分的生活、情感等內容，藉此來拉近創業者與消費客群（粉絲受眾）的距離。

先從中找到一個主題，也就是你的專業形象所在；如果沒有專業的主題形象，那麼跟一般民眾寫寫生活、心情、吃喝玩樂的個人空間又有什麼差別呢？也許你會疑惑：為什麼不能像一般人記錄生活、抒發心情就好？因為我們是自媒體啊！這是我們的平台，必須藉由這樣的平台來讓自己成為一個有故事的品牌、有專業度的專家，建立出這樣的形象，除了可以提升自己的專業水準，還能藉此創造出其他的經濟效益。

當你成為專家、擁有足夠龐大的粉絲受眾後，就比較容易有相關的企業、廠商邀約，進行廣告宣傳（業配）。對於多數企業、廠商而言，Facebook 臉書等社群平台的人氣、粉絲人數，就是你可以帶來的廣告價值與成果，也是你去談判、藉此獲得更多價值

的籌碼。

同時，如果你的形象建立的面向是一些特殊專業領域，就會比其他沒有社群平台的同業競爭者，更有機會往平面媒體、電視媒體、文章撰寫、書籍出版等方向前進，進而擁有更多的媒體資源。

>> 迎接新零售，顛覆舊有印象思維

社群媒體是電商操作的基本媒介平台，但近年來，社群媒體已經發現了龐大的商機，不再單純的讓人們彼此資訊分享，而開始更改程式演算法，需要付出相對的廣告費用，才能獲取消費者的觸及度及點閱率，讓業者們大嘆：電商越來越難經營；除了需購買廣告外，對於資訊素材內容及呈現方式都有嚴格的要求，影響著廣告投放成本。

以目前主流的社群平台而言，相對的，直播及影片呈現最受青睞，所以業者們也必須學習如何直播及拍攝製作有趣的影片；這也就是筆者於前文中所言，創業路途中的專業知識累積。

前些日子，社群媒體如同相約般來個全球大當機，讓依賴社群平台的創業者們極度恐慌，看著業績及客戶隨著社群媒體崩壞的時間，一點一滴地蒸發流逝，於是，建構自身官網品牌平台，並導入 SEO 關鍵字讓消費客群（粉絲受眾）持續搜尋得到，是一件目前電商經營極為重要的事；如此一來，就算社群平台發生故障，消費者也能輕鬆地利用搜尋引擎搜尋到品牌，對於電商媒體廣告的投放也屬於長久性、非一次性的效果，因此長遠來看，相較於廣告

成本是較為低廉的。

電商經營模式在整個零售市場已經處在產業鏈成長期後端，快要到達標準化的成熟期階段，所以許多專家學者紛紛提出「第四次零售革命（新零售）」的架構模型。

所謂的「新零售」，就是將社群平台及網站相互與支付後端管理系統結合，並搭配 AI、AR、人臉辨識系統等，讓消費能隨時、隨地、隨意的發生，購物不再是一件刻意為之的事情，而是生活中的一種自然行為。

另外電商還是以蒐集消費者的數據量化需求來大量產製產品，廣義而言，仍是一種 B2C 的商業經營模型；新零售則是讓消費者告訴業者自己需要什麼，並且發展客製化及體驗銷售的觀念已完全顛覆傳統，成為 C2B 逆商業思考，除了滿足內需國內市場外，也將商品及勞務藉由數位虛擬科技，賣到國際上賺取外匯。

1-3
開始前，
就要想好怎麼做

**A. 業內策略規劃：了解電商模組
經營現況與趨勢**

想要讓事業成功，事前的策略是攸關重要的因素。
許多人都夢想著創業，期望能夠跳脫受薪階級的限
制，成為財富較為豐厚的資本家，但為何如前文所
言，創業成功的機率卻是如此的低？看到這些數
據，讓想要進入創業的人望之怯步。很重要的關鍵
原因之一，就是許多業者在創業事前沒有做好完整
的經營策略企劃，如同瞎子摸象般在暗黑中找路，
當然很容易失敗、迷失方向。

想要進入新創事業，該如何做好相關的策略規劃
呢？首先應瞭解業內電商模組經營現況與趨勢，目
前經營市場趨勢分為三大類：

| 電商經營市場趨勢 |

過去式： 計畫及商品經濟		「計畫經濟」意指業者先不管消費者是誰？有何需求？只一味買進能夠買到、找到的商品，如此一來當然非常容易出現庫存。「商品經濟」相較起來好一些，事前知道消費者是誰及需求，買進消費者需要的商品，雖然較為進步，但大多先買貨進來又多利用實體通路，所以成本的負荷往往大於業績收入，也容易因庫存造成虧損。
現在式： 虛實整合電商模組 B2C 互聯網強連結		現今大多成功的業者，大量利用虛擬媒體社群平台建構形象，得到消費者信任後才會下單採購，因此形成買空賣空、零庫存的狀態，也無須依賴實體店面通路，替業者省下許多無謂的損失。
未來式： 新零售，藉由客製化反饋 C2B 弱連結		經過現在式的互聯網整合，再進一步，許多成功的業者開始了新零售經營，讓消費者無論何時何地都能吸收商品資訊及採購，並且強調獨特客製及體驗消費，轉化了原本 B2C 的經營模組，讓消費者 C2B 反向回饋至廠商業者端。

此時，創業者必須清楚明白，台灣在國際市場的經濟發展計劃及策略，目前若以東進美國製造代工、北接日本研發技術合作、西合協助大陸產業提升轉型商品進口輸入、南拓代工移轉東南亞印度為歐洲轉運站，為最佳經營經濟產業組合方向，自己的產業會面臨到什麼樣的機會與威脅？另外，需解析業內缺口，找出最適當的模組提供商品或勞務，並分析消費者潛在需求。

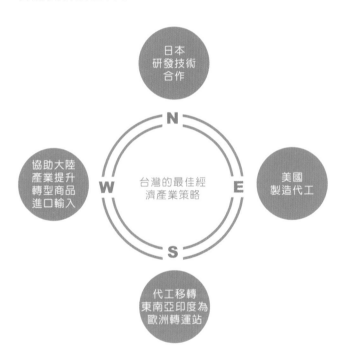

事業體的經營過程（如：代購→買賣零售→批發業者→品牌代理加盟→設計製造通路品牌），不同階段可劃分為產業鏈中的第一級、第二級或第三級，而業者應從中選擇想要的核心技術位置來進行：研發技術、代工製造、通路等，無論將自身經營定位於產業的哪個階段，所考量的重點都為獲利率的多寡；除此之外，虛擬通路是否已經強化，亦是整體

成敗的關鍵！找尋到對的消費者受眾，利用需求→接觸→熟悉→信賴專業→締結，方能最後達到成交的目的。

另外，市場這麼大，如何發掘對創業者最有利基的區域採購經營模組呢？以亞洲區為例，要先了解每個國家的優劣勢及相互關連性。

就亞洲產業鏈而言，韓國→首爾、中國→虎門與廣州、日本→大阪與東京、泰國→曼谷，上述四國各區域之間，要如何有效取得各地的產業優勢？並且讓手上擁有的產業資源間，如國際企業交叉移轉、獲取資源，創立相互合作的跨國市場。

針對消費者族群對品牌的忠誠及黏著度，提供商品規劃 A、B、C 分類，依品牌定位及區隔，藉此來作為商品的控管機制。

商品規劃	模式	商品特性	產品量	獲利	庫存
C 級商品	採低價導入客策略	庫存引入貨成熟產品	50%	10%	20%
B 級商品	採中價位常客經營策略	基本款長年產品	30%	40%	10%
A 級商品	採高價位限量主顧客模式	每季更新流行款及客製	20%	50%	5% 以下

業者在做任何新創事業經營思考時，基礎皆需以數據作為評估佐證，再來洞察當今市場狀態，轉化為相關商務知識，以知識做出最為優先及正確的決策，才有可能產生出實際的價值。依創業前、中、後週期，業者須制定經營循環策略。

B. 準備創業的必要項目，與政府創業基金貸款申請

市場調查絕對是進入一個產業領域的重中之重，其中不可缺少的分析項目包含：估算與籌措資金、撰寫營運計畫書等。

在創業初期經營模式的選擇，必須注意思考「損益平衡」與「保持現金流量」問題；創業中後期則需針對「財務、商品、專業深度化研發」。當然同時也需注意銀行往來狀況，分析找出毛利高的商品、注意債權呆帳、存貨率、降低負債比狀況，並且需關心消費者提供的回饋，再從中創造新需求。

有了這些規劃，就開始進入公司設立與創業基金貸款申請，台灣的營利組織約分為下列幾類，如：行號、有限公司、股份有限公司、與不需設立公司行號幾種，其中不需設立公司行號的範疇，為規模極小型的網拍業者、手工業者、攤販、農林漁牧等。

台灣營利組織

— 行　號

— 有限公司

— 股份
有限公司

— 不需設立
公司行號

|

如網拍業者、手
工業者、攤販、
農林漁牧…

很多業者一開始會猶豫是否自己存一桶金來新創事業，還是利用政府的創業貸款，由於政府鼓勵創業，所以貸款利率通常以郵局定存利率為主，不到 2%，以通膨率每年 3% 來計算，政府是相當低利放款給想創業的民眾，另外就算業者將錢存入銀行定存，也只有 1% 甚至 0% 利率，等於是越存越窮，所存的錢都被通膨吃掉，所以建議業者多多利用政府創業低利貸款。

政府貸款部分主要的審查標準，皆以創業企劃書為審核重點，「創業企劃貸款計劃書」重點分別為：可行合理性核心業務、一年／三年／五年企業經營計劃、是否能具有獲利能力、對銀行損益還款計畫能力、企業未來的展望。

把握這幾個要項，相信就能寫出一份好的企劃書，得到政府創業顧問及銀行放款單位的肯定，獲得政府創業貸款的款項；此外，需注意每一個貸款的資金用途，以免用錯地方，遭到款項追回的不幸結果。

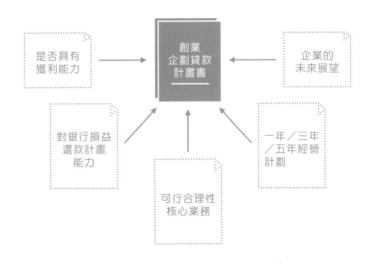

C. 電商平台與社群經營漏斗式行銷，建立消費客群分級

在準備好自己的創業資金後，許多創業者就會開始投入電商平台與社群經營，但也經常因為不夠了解其全貌而發生瞎子摸象的狀況，投入了時間與心力，卻未獲得相對應的成果。通常這個階段性的結果，會讓不少創業者對於電子商務逐漸喪失信心而選擇放棄。

歸納其成效不彰的原因在於，多數業者只是急於學習如何操作，卻忘記要思考本身的行業，及商品消費客群（粉絲受眾）的喜好及習慣，是故無法精確掌握及吸引客眾的目光。

以 Facebook 臉書為例，目前該平台的消費核心主力介於 25-35 歲，因此，若自身品牌或產品的主力客群在此年齡範圍內，則相對適合用此工具來吸引客戶。

Facebook 臉書的平台介面，除了粉絲專頁還有社團、個人頁，但為何市面上的學習課程都是以粉絲專頁為主呢？因為多數這樣的課程，是由行銷廣告公司開設，大都以粉絲專頁建構及買廣告為主要核心，最終目的是希望業者委託教學單位代為操作、購買廣告；因為行銷公司若想成為 Facebook 臉書授權代理商，就必須有每月高達台幣約 100 萬以上的購買廣告支出量，所以教學方面都是以粉絲專頁經營及廣告購買為主。

但真實的狀況是，個人頁、社團、粉絲專頁必須相

互發揮其功能及交錯運作，才能達到最大的引客效果。通常業者除了使用 Facebook 臉書之外，還會一併善用 Line、WeChat 微信等通訊即時系統掌握住客戶，藉此分類為：A 主顧客、B 中堅客、C 游離客三種類別，依序以「漏斗式行銷法則」分門別類的收納住。

針對 Facebook 臉書常用的型態有以下三種：個人頁、社團、粉絲專頁。三者之間的使用屬性、操作方法、適用族群上皆有所不同。

「個人頁」是持續經營中相當重要的一環，能與自身的 A 級顧客保持相對密切的聯繫，也能有更深度的信任。

「社團」則是真正獲利的關鍵。通常業者成功的方式，是將個人形象開始依消費客群（粉絲受眾）的需求去經營建造，慢慢以較為貼近自身個性的方式貼文及分享，讓消費者在無銷售壓力的狀態下認識自己；等經營一段時間後，再慢慢的加入不同的社團，去觀察、認識版主及其他社員們，藉此了解並參考每個社團經營的風格及消費客群（粉絲受眾），找出最適合自己的風格及方式；等待時機成熟後，將建立一個新的社團，號召其他社團成員加入。

一開始先將社團設立為公開模式，讓有興趣的團員們加入社團，若擔心貼文沒有互動性，也可先開放社團社員貼文發表文章，但貼文內容必須經過社團管理者審核；一段時間後，等社團人數漸漸超過數千人以上，就可以更改閱覽權限規定，將社團設定

為不公開，一旦設為不公開後，反而會有很多人因為好奇心，爭相要求加入社團，這時另可要求這些朋友及消費客群（粉絲受眾）先加為個人帳號朋友，個人帳號與社團彼此交互應用，就能日積月累、慢慢培養出主顧客群，產生高利潤空間業績。

有了基本盤後，再開始建立「粉絲團」買廣告，增加品牌及商品的曝光度，讓其他消費者看見、產生媒體信任。

「漏斗式行銷」是以 Facebook 臉書先讓 A、B、C、D 競爭者等完全不同消費屬性的客層來關注，以形象曝光建立為主要的工作核心，有了第一次交易或實體接觸後，就能區分出 A、B、C 等客層，並以即時通訊系統 Line 及 WeChat 微信等，將客戶以群組收納住，以利即時告知商品或品牌活動訊息，慢慢建立信任關係，舉行實體讀書會或商品研討會等活動，這時就可以讓客戶產生極大的忠誠度，甚至變成主顧客及朋友，在銷售商品時，將最好最新的品項以反漏斗方式推廣回去；因此好的成長期高利潤商品都是在主顧客面交易。

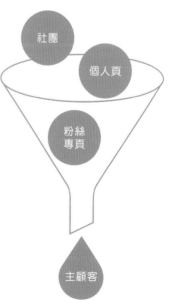

社團
個人頁
粉絲專頁
主顧客

回推到 Facebook 臉書時，往往就是成熟期低利潤產品，所以必須善用漏斗式行銷建立推廣形象，並以反漏斗式銷售，才能達到最大的推廣及業績利潤空間。

＝ＣＨ１：一個人就能創業嗎？＝

Chapter
___
2

沒有資源，就要這樣開始

2-1
要開始賣，
該如何找到貨源？

A. 拿到商品資源有哪些方法？

剛剛想要開始經營事業的創業者通常都會非常茫然，在理智上知道自己要開始，心態上也準備好了，但是，「要如何開始？」才是關鍵！

這個時候通常創業者會想到：我要找出商品，販售商品。然而一旦這樣想，問題就出現了！商品的來源呢？我有想法、也有理想，靠自己生產製造嗎？若創業初期就考慮自己設計、生產製造相對不實際，畢竟生產商品需要投入的資金、人力⋯是較高的，同時因為生產基本量的因素，難免會產生庫存的狀況，因此，多數創業者會開始往外搜尋貨源。

一般而言，貨源可以區分為以下幾種：第一種是相較投入資源最低的，即是跟國內的中盤商拿貨來賣，賺取買與賣中間的價差；此類作法，相對商品的種類、品項會有所限制，你的上游廠商給你什麼類型的貨源，就只能以這一類商品為主，較難自己開發商品。

第二種情況為直接前往海外的商品（批發）市場，透過現場拍照以及直播方式進行連線，將商品銷售出去，最後再購買商品並運送回來台灣（目標銷售市場）；在此作法下，通常可以快速找到海外當地的最新商品，但是所需投入的時間成本、人力成本、

差旅成本都是相對高的，許多業者會產生獲利的假象，以為在商品上有賺取到比中盤買賣賺價差更高的獲利，卻未把自身所投入的成本一併列入計算，如此一來，造成了帳目上一直有錢進來，但總財富並無增加的獲利假象。

接下來的第三種作法，則屬於早期投入較多，但在其後的持續經營與獲利是最穩定的方法。在這種作法下，你需要先前往預計經營的海外市場，將想要的廠商們串連起來（切勿只有單一類型或是少數的廠商，如此商品的轉調、風格都會受到很大的侷限）、安排有效的貨運物流（能協助處理商品進關，門到門的貨運方法）、打通金流交易的管道（商品後續追加的付款便利性、相關款項如何代付）模式；完成前期部署之後，才透過數位線上看最新款的貨品，並以能有效下單訂貨的方法來經營，不需要如同第二種方法一樣，長期親自前往海外商品（批發）市場進行採買，卻依然能有效掌握較新的商品資源，並購買商品送回你的目標銷售市場。

	商品貨源模式	優點	缺點
第一種	跟國內的中盤商拿貨來賣，賺取買與賣中間的價差	投入資源最低	商品的種類、品項會受限於上游廠商，自主性低
第二種	直接前往海外的商品（批發）市場，透過現場拍照與直播進行連線，銷售商品	可以快速找到海外當地的最新商品	需投入較高的時間、人力與差旅成本
第三種	前往預計經營的海外市場，完成前期部署：串連廠商、有效的貨運物流、金流模式；之後即可在線上進行訂購下單	早期投入較多，但在其後的持續經營與獲利是最穩定的方法	

通常創業者會透過以上三種常見方法獲取商品的資源，拿到資源後再透過電商通路（如同前一章節所述，千萬不要只透過大型電商平台經營，自身的社群平台建立賣場也是相當重要的。相關社群平台建立賣場的串連細節會在下一章節詳細論述），將商品以「買空賣空」的作法來操作，藉此降低先買後賣可能帶來的囤貨與資金運轉壓力。

也許你會質疑：買空賣空要怎麼經營？這樣不會沒有安全感嗎？所謂的「買空賣空」並不是一場騙局，更不是詐騙集團，而是透過資源的串連應用，來降低商品滯銷、無法完成週轉的狀況。在經營上先從貨源的提供者或取圖片（圖包）資源，並精算出自己的商品、匯率、運輸成本之後，再將商品放到自身的社群平台賣場中進行預購收單的銷貨；待收單後再跟廠商下單訂貨，同時將商品運送回台灣（目標銷售市場）。

B. 商品生命週期在經營中代表什麼意義？

對於初入行的創業者而言，經常會以第一種「透過國內中盤獲取商品資源」的方法為優先考量；一來是抱持著想要試一試的心態，二來因為外在條件的因素，沒有太多資金與時間可以進行這件事情。無論是哪一種原因，都可以透過中盤的方式來經營，透過這個方式經營最大的優點：省去直接面對海外廠商的溝通障礙、風俗習慣差異等狀況，可以快速的上手獲取商品；但是相對的，同樣品質的品項，獲利空間一定是小於直接前往海外商品（批發）市場的。

很多創業者認真算一算會發現，怎麼其實獲利狀況反而是透過中盤拿貨的狀況較佳？這時候有幾個可能的原因：在商品成本計算上，因為跟中盤拿貨都是以臺幣計價，經常忽略了運費、自取貨品等等的小額成本未計算，這些成本積少成多下來也不是一筆小錢，可能會影響你的獲利狀況；另外，這個商品的生命週期狀態更是影響獲利的重要因子。

每個商品都有其生命週期，這個週期的長或短並沒有絕對的數值答案，會因為目標市場對於商品本身的接受度而有所不同，也會因為這個商品有沒有火爆性的話題所帶來成長的狀況有所差異。在這個「商品生命週期」中，我們會分為四個階段，分別為：商品導入期、商品成長期、商品成熟期、商品衰退期。

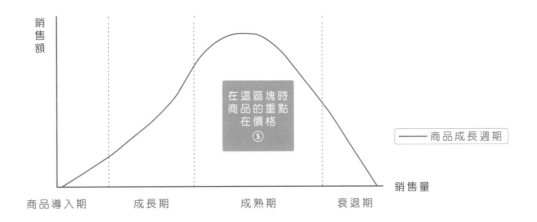

📖 | 商品成熟期 |

在這四階段中，最廣為消費客群所熟知的商品即為「成熟期商品」。在此時期的商品，通常不需要過多的文字、圖片、影片介紹，消費客群就了解其中

的內容（做什麼用？要怎麼使用？使用起來的感覺如何？），但這一時期的商品會有一個很大的問題點，就是販售這個商品的賣家相當多（上網打出商品品名，就有五十、一百以上的賣家在販售該商品），當然在競爭者眾多的前提下，就會有削價競爭以及仿冒品的問題存在。

若要將成熟期商品作為主要經營的品項，則是走薄利多銷的方法，接著如果想要在眾多的賣家業者中脫穎而出，成為消費客群唯一信任的首選（不會因為價格，轉而跟其他賣家購買），就是比拼各位賣家業者的社群平台經營了！

需要透過社群平台創造出形象以及專業度，來博取消費客群（粉絲受眾）的信任，如此一來，消費客群所購買的便不再單單只是商品，反而你的專業形象是主要的購買目標，商品的定位則從主要變成次要的購物動機。然而，也因為這個時期的商品最容易達成銷售目的，商品運轉速度最快，多數的中盤商會以此時期的商品為進貨主體，主要目的是降低自身的商品滯銷庫存風險。

📖 | 商品成長期 |

接下來也常常會成為創業者的商品目標時期為：商品成長期。什麼樣的商品會被歸類為這個階段？通常在這個階段的商品，已經被部分的消費客群所認識，就算沒辦法如數家珍的完整陳述出這個商品的內容，至少並不是全然陌生的狀況（已經耳聞過或是身邊親友已使用過）。

在這一個時期，是創業者在挑選商品經營時，能夠投入較少成本卻也能賺取到利潤的部分；同時競爭者並不像商品成熟期這麼多，所謂的價格戰、仿冒品問題也沒有那麼嚴重。經營這個時期的商品需特別留意，市場瞬息萬變的反應狀況，商品的成長期能夠維持多久？或是成長的幅度有多快速？都攸關目標消費市場的回饋。

例如：日本某廠商推出了一系列的聖誕節交換禮物，該系列商品的快速銷售期為聖誕節前夕一至三週，各位創業者，你身為賣家業者，就需要在這個消費客眾的購物時間點之前，準備將商品上架銷售；若按照需求時程提早約一周上架，通常此時的同行賣家業者並不多，假設能在這個階段就將商品銷售出去，則商品的利潤倍率會是較好的，但這樣的階段通常持續不了多長時間，很快的商品就會進入成熟期（無數的同行賣家業者出現），利潤就會被稀釋掉。因此，商品時期能夠維持多久，全然要看市場的買賣雙方供給需求狀況，不是絕對值，緊盯市場變化才是長久之道。

｜商品導入期｜

商品導入期是指：一個商品初入市場的階段，對於消費客眾而言是陌生的商品，關於用途等必要資訊都無所知、一片茫然。這個時候，各位創業者就需要投入成本，讓目標市場認識這個商品，無論在行銷成本、預先投入時間心力等資源，都相對於上述兩個時期高，卻較難得到爆炸性、快速的消費客眾回饋（達成商品交易的最終目標），更甚會發生投入之後卻無法得到回饋的狀況。

放心！想要操作這個時期的商品不是只有付出沒有回報的，這個階段若能達成銷售，則單品的獲利是相對高的，在幾乎缺乏競爭者（同行賣家業者）的情況下，市場價格基本上就是你說了算、高低空間較大（當然別忘記要注意，此商品的目標市場可接受價格區間的問題）。

並且此一階段的商品，更是未來賣家品牌風格化經營的草擬藍圖，找到消費客眾所喜歡的商品後，再將其深入挖掘（縱向經營），讓自己成為該風格商品的專家，即是創業者未來晉級品牌、專門店的前哨戰。

| 商品衰退期 |

商品衰退期是一般創業者較不願意、也是較少經營的階段，此一階段的商品在市場上，目標客群的需要程度、接受程度都相對低，甚至願意購買的目標客群嚴重減少。如果你目前手上握有現貨庫存，趕快銷售出去是首要的需求，通常在這個時候，賣家業者會適度地進行價格的調整降價，以求可以更快速的將商品流轉出去，通常利潤倍率已不再是這個階段上的重點，能把庫存銷售出去轉成現金回流才是所關注的部分。

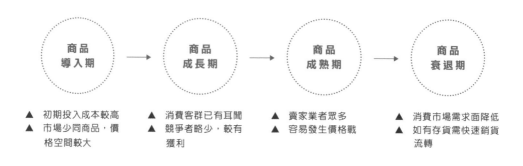

商品導入期 → 商品成長期 → 商品成熟期 → 商品衰退期

▲ 初期投入成本較高
▲ 市場少同商品，價格空間較大

▲ 消費客群已有耳聞
▲ 競爭者略少，較有獲利

▲ 賣家業者眾多
▲ 容易發生價格戰

▲ 消費市場需求面降低
▲ 如有存貨需快速銷貨流轉

在此要提醒所有的創業者，此一商品週期的經營邏輯，並不是必然，同時對於不同的商品市場而言，也不一定會在同一個時間點上發生同一個商品時期階段；當然，也有可能某些商品對於該目標市場而言，永遠會停留在其中的某一個階段就再無成長，甚至突然消失都是有可能。創業者在操作商品的時候，必然要隨時保持靈活的反應力，也需要關心市場的脈動情況，如此才是一個經營者的成功關鍵。

C. 好壞中盤資源天差地遠，怎麼挑選？

從前文中可知，商品挑選在銷售的成敗、經營的獲利中，都佔有相當重要的地位。因此，挑選中盤商品供應商時，除了一翻兩瞪眼的價格因素之外，各位創業者還需要注意：你的商品可選擇性有多少？跟市面上已經銷售中的商品對比起來有沒有競爭力？這些競爭力包含了價格、品項，都是相當重要。

除此之外，還需要注意：商品的來源（信任度）。部分中盤廠商在商品的價格、數量、種類上都很有競爭力，但是，身為創業者的你購買了一兩次之後就不願再次合作；歸咎其原因在於商品的品質，其實並不如同期待的這麼高，或者商品的 CP 值讓你覺得不足夠，甚至你也不願意把這樣的商品出貨給你的客人。出貨速度、有沒有可能產生額外費用…等，也都是很重要的考量重點。

羊毛出在羊身上，創業者在挑選時也必須注意到行銷文字上的巧妙。或許你也曾經看過這樣的文宣：「零代購費」、「直接日本批發價賣給你」，真的

有這麼佛心的廠商嗎？又或者說，這些都只是宣傳的幌子？

各位創業者都清楚，賠錢的生意沒有人做，「零代購費」等說法只是表面，需要深入探討該廠商業者把獲利藏在哪裡？是運費上嗎？還是商品的報價匯率等。這些都是在挑選中盤廠商時需要留心的部分。謹記「天下沒有白吃的午餐」！所有的服務都是有對價關係的，這樣在挑選時就不易陷入盲點。

2-2
找到貨源
要怎麼挑選組合？

A. 買賣不是強迫推銷，觸動人心的超前規劃

搞定了商品貨源層面的大問題，接下來就是需要思考怎麼賣這個商品。想要順利且有效果的賣出商品，絕對不應該只是不停的把商品放上你的平台、標上價格，直觀的進行商品銷售就希望訂單會源源不絕的自己跑出來。坦白說，若抱持著這樣的想法來經營，對於業績要好這件事情是很有挑戰性的（網路上的選擇這麼多，為什麼一定要跟你買呢？）。講到這邊，通常這時候有一些創業者就會大呼提起反駁意見。

類似上方的成交案例，有許多可能性在於，這個買賣成交狀況能夠達成不一定是商品本身的因素，買賣雙方的交情也是其中一部分，因此不太適合當成

商品銷售上成功的佐證。想要達成商品成交的結果，有許多的影響條件都是息息相關的，商品品質、社群平台形象的建立就不在本段多做討論。

想要觸發消費客群的購物動機，坦白說就是要提供消費客群一個合情合理的購物理由，使消費客群得以說服自己的內心：我買東西是合理的，把消費客群的理智思考邏輯的發生比例降低，如此才能避免僅是單方向的（半）強迫式大量商品上架，導致賣場平台洗版帶來的購買反成果。各位創業者也需注意，所使用的平台演算法問題，是否會因為洗版造成消費客群反感（接受度低），進而出現觸及率降低，更嚴重的是發文受到社群演算法屏蔽，導致所有努力不被消費客群所能瀏覽到，自然而然無法順利帶來業績。

想要成功觸發購物動機，帶來消費客群內心情感面、感受上無痛的購物方法，最簡單就是利用「內容式文案」，以及「購物情境塑造」的行銷方法來操作；想的比消費客群更加超前、提早，也是一個可以啟動購物動機的方式。預測消費客群的需求，讓他需要的時候只有你可以提供商品，賣的是一種貼心的感動情境。

一個好的交易行銷模組，除了必要性的達成銷售目的之外，需要在開始銷售之前，先進行整體氣氛的塑造。這部分的作法並不是要告訴消費客群這個商品有多好用、多需要購買，而是將賣場情境建立出一個非買不可的理由；假設能夠有一個故事性的短文章、圖片、影片（不同的素材呈現方法都可以，

主軸放在故事上），會是這個階段上更加分的條件。

藉由以上方法讓賣場充滿了需要以及被需要的氛圍，成功營造整體情境套路後，消費客群容易迷失於其中，並將自己帶入、成為故事中的角色，因此購買的動機、購物的理由油然而生。

比如說，想要主打母親節系列的商品，在選品選定之後，便開始規劃要以哪幾個商品為主要的組合單品，同時在平台賣場的顏色、插圖、音樂…等可調整的重點中，也提前預告母親節檔期的氣氛，讓消費客群進入到你的賣場就有如來到魔幻仙境、沉醉於其中，漸漸的產生出：我需要購買母親節禮物的主動需求。

讓氛圍先出來之後再置入欲銷售的商品，讓商品處於一個合理的位置出現在賣場中，如此就可以<u>透過賣場的整體氛圍來帶動商品業績，並且可以降低銷售上帶出來的消費推力，讓消費客群的需求成為消費的拉力</u>，在此拉力的催化下，就更容易無痛感的創造出業績（因為賣家業者給你購物的理由，消費客群同時又感覺有需求，更是合理購買的原因）。

B. 好賣家業者要掌握：什麼時間點就賣什麼 🔖

就如前段所言，我們需要順應著時間推移來找到好賣的商品，並且超前計畫，把好買情境建構出來。透過時間軸進行規劃的這一作法，不僅可預估創業者本身的工作安排，更是能預抓獲利預算的方法。

期望獲利確定之後，就需要開始研擬需要曝光、上架的品項如何？這些商品的銷售狀況有沒有機會達成期望獲利應有的金額，如果不足，有什麼管道或是其他商品可以協助補足。針對時間軸的運用，創業者欲計算出這些時間點，需同步有好幾個時間軸開始規劃，才能觀其全貌，避免有所遺漏。時間軸的規劃如下：

[第一條時間軸]

首先需要找出一個跟你的消費客群（粉絲受眾）、所欲販售商品有關的時間軸。例如：賣家業者的消費客群是小學低年級的家長，因此，除了節慶假日（如：母親節、父親節、情人節、聖誕節、農曆年節等）之外，需額外注意小朋友的開學日、放假時間、學校段考等等，與目標消費客群有所相關的重要日子，來建立出第一條時間軸。

[第二條時間軸]

賣家業者所訂購商品貨源的出貨、以及預計可以收到商品的時間。這個時間軸同時還須考量賣家業者收到貨之後，需要花費多少時間整理訂單、並且包裝完成出貨，出貨之後所選擇的物流單位又需要花費多少時間，才能將商品交付到消費客群的手中；以上幾個時間點都需要一併列入這個時間表中。特別提醒一定要抓預留的空間，千萬不要將所有時間卡死，如此一來，萬一發生臨時的不可抗力因素將會應變不及。

＊如果創業者已經走到第三種一直接前往海外（批發）市場串連的階段，你的時間規範需額外加上商品出貨當地的節日與國定假日問題，這也是影響你預抓下單時間的重要影響項目。

[第三條時間軸]

預計規劃的行銷方案，有沒有特殊要拿來活動中操作的商品。此處所言的操作包含：價格促銷策略、商品 A+B 的組合方案、免運費、購物金抽獎之類的，都可列為此時間軸。此時間軸行銷活動的規劃，也不能忽略原始的業績目標，再經過業績目標的推估，確定出行銷預算所能夠分配到的金額，這一些金額需依照所欲達到成效的比例，再來做出合理的分配。

[第四條時間軸]

先有了上述一道三條的時間軸，你才能計算出這一條、也是最重要的一條時間規劃！在這一條時間中，需完整的將商品預計上架時間、訂單收單時間、甚至是你的行政流程收款與統計訂單狀況都一併考量進去。

第一條時間軸

找出跟你的消費客群、所欲販售商品有關的時間軸。

第二條時間軸

訂購商品貨源的出貨、預計收到的時間。

第三條時間軸

預計規劃的行銷方案，有沒有特殊要拿來活動中操作的商品。

第四條時間軸

預計上架、訂單收單、收款流程、統計訂單等時間。

這幾個時間壓下去定案後，身為創業者的你仍需要隨時留心訂單產生狀況，如果訂單的數量與金額未如預期，便需要在中間時段加碼活動與行銷方案來提升業績，達到原本期望的目標數量與金額。

事前的規劃很重要，保有隨時能夠應變的靈活度，更是創業者能否順利經營的重要原因，切記，當事情已成定局之後再來開始檢討、改變效果並不是那麼的確實，保持無時無刻的數據觀念，一發現數字的效能未如預期的時候便開始修正，才不會容易陷入全盤皆輸、無法挽回的窘況。

2-3
追求好業績，
營造形象很重要

A. 賣場風格品牌的重要前哨戰

當創業者在前文中的買賣階段已經能夠獨當一面後，千萬不要因此停滯怠惰，此時需要針對未來性進行規劃以及思考。

只是經營單純的買賣，對於有理想的創業者而言是絕對不足夠稱為「達成夢想」的，因為在這個經營階段僅僅是獲利賺得價差，並未見到太多個人風格與品味的展現；當然，你可能會因著想要追求更高的利潤空間，而去選擇部分導入期商品來經營，但這類創業者心中所追求的是獲利，並非創造風格，因此還無法作為品牌的前哨階段。

那麼，究竟要如何經營才能視為未來對於品牌的思考呢？（在此所言的品牌，除了商品品牌之外，嚴選類型的通路品牌亦在此列。）

有了這樣的規劃藍圖，就要開始計畫怎麼進行？怎麼運作？想要營造出不一樣的銷售氛圍，讓消費客群對你的平台賣場與所販售商品記憶猶新，一種方法為商品面的選擇，但是這個選擇就不再是單純以獲利的數字倍率為考量基準，而是經營之前的經驗，找出創業者想要並且能夠深入經營（需先測試目標市場的接受度以及業績的回饋狀況）的商品風格後，再深入挖掘更新、更有明確風格的商品，此

種作法就相對容易發展成為商品的品牌。

另一種則為通路品牌的經營，這種操作方法之下，所謂的賣場風格以及情境氛圍塑造就更為重要，因為想要僅透過商品就判斷你是哪個賣家相對是困難的，於是乎需要透過其他的意象、象徵意義來做出區隔性。若以實體通路為例，各位讀者能馬上想像的案例來說，就有點類似便利商店類型的小七與全家，在銷售商品上多半是相似或者雷同的，但是兩個業者透過裝潢、用色、品牌經營風格不同，讓你即使不需要看主招牌，走進店內也可以判別出是哪一個店家體系。

如同上列所言，最膚淺的改變就是從可見的形象中著手。創業者可以透過以下幾個面向來塑造自身的形象與記憶點，包含賣場的 CIS 企業形象顏色、慣用的圖標語言、甚至是拍照以及修圖的風格，都是可以成為創業者形象記憶點的部分；既然這一些象徵的代表元素都涵括在你的品牌辨識度之中，因此就不適合說風就是雨的隨意變換，即使因為行銷內容、時事話題的應用，都仍需讓自身的原始代表元素置入於其中。

例如：2020 年新冠肺炎疫情期間，曾經因為粉紅色口罩的事件產生，讓線上許多品牌、賣場、平台都在瘋一股粉紅色熱潮，許多創業者也想方設法的跟風來創造出話題性。許多 Facebook 臉書的粉絲專頁都將自己的頭像、主視覺換成以粉色調為基底的設計，但消費客群（粉絲受眾）卻不會因此弄不清楚誰是誰，就是因為仍保有能夠判斷原本品牌形象

的代表象徵。以上這些部分都是創業者可以著墨了解、以利整體形象建立的思考。

但是想著想著又冒出了新的問題！為什麼需要把自己往品牌之路經營？目前僅做買賣的獲利就已經口袋賺飽飽很滿足，幹嘛花時間給自己找不痛快，逼死自己呢？俗氣點來解釋這件事情的說法是：不是為了「金錢」，是為了「名聲」。也許這樣的論述是庸俗了一點，卻是相當實際的一個事實；品牌化經營能夠帶來相對於買賣的高收益狀況，未來消費客群對於你這個賣家的定位不再是買賣，而是風格品牌，這就是名。想要長久化的經營，並且帶來整體的地位提升，打造出自己的品牌是必經之路。

B. 創業者賣家怎麼可以不了解：拍照與美編

很多創業者都會問：「這有需要我自己下來親自弄嗎？不是請個小編、小幫手就可以解決的事情？」最現實的問題，小編、小幫手不是無給職，最基本也要提供兼職人員工讀生的薪資，坦白說，對於初期經營的創業者而言，多一個員工就是多一個成本，相對的在成本損益上就會多了一些負擔。

單純拍攝商品難免畫面會比較無生命力、不夠活潑，可依照拍照主題，尋找合適的素材背景，更能襯托出商品的質感與重點。

因此，建議初入的創業者務必要了解這些工作技能，一來可以降低所需的成本負擔，二來（更重要）創業者親自投入，更能明確的制定與規劃出上段所提及的品牌風格，先將風格與規範建立下來，即使後續經營規模放大，找尋工作同仁一併加入，也不會因為換了新的執行者就發生風格偏移的窘況。

筆者講個更不動聽卻也相當實際的狀況，身為創業者，若你都不了解需要做什麼？在執行層面會遇到什麼風險？要如何去要求手下員工的執行效能與工作成果？

>> 增加業績的基本功：拍照、修圖技巧的應用

討論到拍照，就需要先將整體的拍照環境、所需設備了解清楚。很多創業者會問：「所以我需要一臺專業的相機、攝影機嗎？」如果你已經有這些設備（或是可以借到），當然可以讓質感加分，但若沒有，也不一定強烈建議要先行購買，其實是有辦法透過現有的設備（如手機）做出平均之上的水準。這就考驗拍照者是否足夠了解所拍攝的主角（商品、人物、空間等），其特色為何？哪一個部分最能彰顯其價值感？先思考需要拍攝的部分（功能性、特色等都算在此列），再來才能去評估如何拍攝，對於銷售上、品牌形象面有加分的效果。

拍攝商品不只是如實呈現，需要找出商品最吸睛的特質，再運用拍攝的技巧表達出質感與層次。

接著才是拍攝技巧的階段，需要開始考慮光線、構圖、比例、位置、顏色等細節；當然，這時候也有創業者會說：「反正現在後製修圖跟整型一樣，隨便拍拍就好。」坦白說，有些拍照的瑕疵並不是後製修圖可以完美修改的，或者後製修圖需要花費太高的時間投入成本，並不符合商品上架的流通效率。因此會建議在拍照階段，就將商品的呈現處理到 60-80 分的狀態，這樣後製只需要進行亮度、對比、飽和度…等細節調整即可，對於效率而言有相對加分的情況。

在後製修圖的部分，就比較需要美感的建立與操

作技巧的嫻熟，手機、電腦都有適合的 APP、軟體可以協助處理。以商品的照片來說，講求真實性，尤其是需將顏色、細節、材質等面向都如實呈現；許多後製商品圖都會加上濾鏡風格，希望可以增加自身的品牌辨識度，但卻反而造成商品失真的反效果，若處理不好甚至還可能引發與消費者之間的爭議與糾紛。

後製把照片修圖調整完成就可以交差了嗎？這時候需要進一步作出換位思考：我今天如果是消費者，會想要看到什麼訊息？哪一種內容會帶來我的購物衝動？於是，就出現了商品情境照的需求，除了商品本身外觀、功能的展現，還需要給予消費客群（目標受眾）提前預知消費的使用情境及整體搭配性，讓商品更容易想像成為「自己的」，如此一來就更容易帶動購買的成效。

修圖前

修圖後

想要讓商品照片更能吸引消費客群的目光，修圖就是不能偷懶的部分，需要透過亮度、對比、顏色、角度等等細節調整，來增加畫面的吸引力！

>> 故事就讓商品拍照情境幫你說

商品情境照除了透過拍攝場景的布置、情境意象的搭配之外，也經常會使用到圖文美編的作法。商品搭配的部分需注意，商品主體之外的都稱為配角，既然定位為配角，就千萬要避免喧賓奪主，或是發生模糊焦點的狀況。

在執行層面上，如對於平面排版或美感應用有一定的技術，通常都會選擇平面設計的軟體來操作（無中生有）；假設創業者對自身的美感應用不見得有把握，亦或希望可以增加製作上的效率，目前網路上、軟體中也都有套版可以使用。

在此一定要再次耳提面命一下，千萬不能單單僅使用套版來處理，如果直接套版，對於創造出風格的差異性與獨特性都是更有挑戰的。因此，若選擇以套版來速成，就需要有一個認知：套版只是打底，排列完的畫面並非是完整版的狀態，在套版之後需要透過其他的加工來進行調整與變化，藉由這一些的差異化，才能較有機會在套版的應用下，創造出些微的品牌風格。

經常在與創業者分享到這個部分的時候，都會有一個疑問：「把我的 LOGO 名稱放上去不就得了，講這麼多的品牌風格，哪有 LOGO 放上去直接！」是的，這個方法可謂是簡單粗暴，卻又不得不說是一個有用的方法，但是這裡的有用僅限於表面的層面；消費客群對你的記憶點在於 LOGO 上的圖案與文字，當沒有這些能夠代表「你」的成分單位後就無法輕易辨別，於是說這是一種簡單粗暴的作法。

若想要長久持續經營，僅有這一個表面功夫是絕對不足以支撐的，需要將其層次增加，讓消費客群先看到風格、再發現 LOGO（此時 LOGO 名稱就只是加分的存在，就算沒有也不會影響消費客眾對於該品牌的認知狀況），這樣的作法才方能使品牌具有代表性，就算出現競品也仍能保持原有的地位，不致於一落千丈、無法隨著時勢所趨進行調整以因應其轉變。

Chapter
_____
3

哪裡可以賣？我的賣場在哪裡？

3-1
建立賣場平台前
需要先了解

A. 買賣不是單向道，行銷找到與消費者溝通的語言

近年許多人開始討論電商行銷，無論什麼都加上「行銷」一詞，就好似有些許的專業及深度化。筆者在輔導許多中小企業主的過程中，深刻發覺許多業者大都停留在純粹的買賣結構之中，而忽略了「行銷」在銷售環節中扮演的真正重要性。

人們的市場交易行為從 18 世紀西方工業革命開始，就以大量機械產製、快速生產相同規格功能的產品，並單向的賣給市場，消費者沒有選擇的權力，大家所用所買的都是同一類商品；到了 19、20 世紀，隨著帝國及全球消費主義興起，西方的美學審美觀點及文化大量侵入其他在地文化，業者們無不提出一套標準及生活的規範，目的就是在創造消費者的不足感與追求，一定要擁有或到達某種生活條件及狀態，以此來刺激經濟消費的動能，就現在 21 世紀的觀點來看，仍舊為買賣的宗旨原則。

「行銷」一詞廣泛出現在 21 世紀的今天，所謂行銷，是以消費者的需求為考量出發，並以市場調查及人口分析法等邏輯找出其屬性及所需，再依所找出的目標消費客群，給予適當的價格、商品、通路、促銷等方案一貫而成。是故行銷的整體架構應為：制定企業目標，再論業績還是品牌名聲，之後選出

消費客群（粉絲受眾）是誰？並且身在何處？依照行銷的 4P* 架構去規劃。

當然有規劃就必須分配預算，這時業者就要依據品牌或商品的生命週期表位置，給予合理的執行預算，例如：在導入期品牌較少人知道，所以行銷預算可能高達目標占比約 30%-20%；若是進入企業最樂見的成長階段，則可略為減少行銷開支，約占比 20%-10%。

筆者觀察目前市場業者的操作往往都較為短視，許多業者在看到商品熱賣或民眾一窩蜂搶購時，卻投入大筆的廣告行銷預算，但投入與回報通常不成比例，歸咎其原因是當市場都知道這個品牌或商品時，通常已進入所謂的成熟期，會面臨的後續問題，是許多競爭品牌業者的投入，這時候依經濟學供需理論，就會發生供給大於需求的現象，往往也是一片價格廝殺紅海的開始，再往後就會進入衰退期，一旦到了衰退期，即品牌及產品的生命終點，最好另創品牌或再創新產品勞務，就不需要再投入任何行銷資源了，以免造成企業的浪費。

行銷的 4P：
Price / 價格
Product / 商品
Place / 通路
Promotion / 促銷
在行銷中需要同時思考的 4 個面向。

B. 電商市場興起，數位轉型只有大型電商平台不夠

企業市場近年來電商興起，市場通路從以往的實體店面經營，轉換到虛擬的電商平台上，是故業者們無不努力學習電商相關工具及技術，就是希望不要被新零售市場的洪流所汰換退場。

互聯網、大數據分析、AR虛擬實境、人臉辨識系統、遠端聲控…等技術層面不斷推出創新，許多業者一味追逐技術層面的同時，卻忽略了最原始的創業初衷及理念，這樣的作法之下，就猶如是在21世紀號稱新零售市場的環境下，卻走回19-20世紀的純粹買賣交易、單一推力的老路。

就以目前最常見的大型電商銷售平台及通訊社群媒體來說，很多業者常抱怨：為何我努力經營大型電商市場，商品品質及價格更甚後續客服都不輸同類產業的競爭對手，但業績及品牌知名度卻無法得到消費者的認同及信賴？

通常業者們都會先懷疑，是技術不夠好嗎？上架的數量不足嗎？但是筆者深刻探究這類的原因，大多是因為業者們只想藉由虛擬大型電商平台將商品上架售出，殊不知大型電商平台不過就如過去實體店面的收銀台功能罷了，所呈現的是一種結果反應。

>> **對的平台才能找到對的目標客人，有效創造業績**
在經營虛擬電商媒體，最重要的是前置行銷作業，依據找出的消費者並依其需求，深深的觸動其潛在的渴望，要讓消費者達到最終締結買單，就必須經歷幾個過程：首先找出潛在需求，大量的社群媒體曝光，曝光後就會讓消費者受眾慢慢的熟悉，知道有這個品牌和產品勞務的存在。

完成上列過程及步驟後，就要依專家及專業職人的角度去詮釋產品及勞務，消費客群（粉絲受眾）才會藉由程序產生信賴感，有了信賴感當然就會掏出

錢來買單消費。

業者可以從受眾消費者喜好什麼樣的社群媒體去著墨，例如：25 歲以下喜歡觀看 Instagram，以精美的視覺呈現為主；Facebook 臉書的使用者則偏向25-35 歲族群，對於個人隱私或即時新聞事件議題有極大的關注力和討論；較為年長的族群約 40 歲以上，則喜愛個人網站部落格（如：痞客邦）等社群平台，偏好以閱讀長篇的文字來分享分析資訊，這樣的客群受眾往往因為長久的閱讀，對品牌產生極大的信任度。

就前一陣子新聞有所爭議及評論的首席彩妝師事件，姑且不論事實的真相為何？但從其學員及傳統媒體爭相報名教學及報導的狀態，就能看出有充分掌握住學員們及媒體所想要的需求，將訊息傳遞出去，以休學、年輕、快速、國際化、首席專業、媒體名人背書等需求因子，順利打動了學員受眾對於未來藍圖的想像，希望經過一連串學習彩妝知識的課程，有朝一日便能像首席老師一樣的有成就；社群多媒體大量曝光就像病毒式行銷的蔓延開來，無論是真是假，幾乎就變成真實的狀態。

以上事件如同哲學家布希亞所提出的擬仿物與擬像論點 *，虛擬的宣傳報導可能轉化為真實事件狀態；要將受眾消費者慢慢引入電商的擬像世界，所呈現的題材必須有系列的視覺化、模組化、數據化，將虛擬形象幻化為真。

擬仿物與擬像論點：以虛擬的事件來假裝是真實的論述，讓民眾將虛幻的事件誤以為是真的發生了。

C. 電商行銷，就要這樣串聯社群平台才能帶來業績

筆者再強調一次，許多中小企業因為電商的興起改變了消費市場習慣，是故業者們紛紛投入電商平台的操作，但無論如何學習相關程式、文案、照片、直播等操作技巧，亦頻放送廣告希望讓消費者看到，都無法打動消費者的心、產生購買的最終效果，更遑論再次宣傳回饋等後續期待。關鍵原因就是忽略了行銷，太過於著重技術面的操作。

即便網路行銷、社群行銷的速度，相較於傳統行銷學的發酵速度快、變化速度高，但兩者在整體操作的策略理論上是相似的，同樣能透過「行銷法則的前、中、後策略」來進行整體的進程規劃。預先進行規劃才能在整體操作上有一套完整的邏輯概念，免除做一步想一步的片段性計畫，避免整個操作概念過於短視而忽略掉核心的理念目標，甚至走到另一條道路上。

前　期
> 目標
> 受眾

中　期
> 互動
> 交易

後　期
> 回饋
> 改善

展　望
> 目標
> 期望

特別提醒，行銷策略規劃不是死板的白紙黑字，而是需要靈活運用，並隨著時光演進、時事更迭來修改；除了後期回饋與改善外，還需在每一個階段進行微調，使整個策略規劃能夠帶來更大的效益與成果。前期：目標受眾確立；中期：交易以及參與共創活動事件；後期：回饋問卷及改善；展望：創建新需求目標。

以大家所熟知的網路媒體做為出發點，要如何吸引到顧客們，以及結合科技發展，所描述到的是「善用關鍵字廣告，讓顧客找上門」。

>> 內容行銷創造深度化經營，粉絲受眾黏著度產生

網路時代，速度就是一切，讓消費者容易發現到你的產品，有機會被「比較」或是「比價」。現今中小企業在網路行銷面臨著巨大的考驗，企業與行銷人員用盡各種網路行銷工具想要搶下客戶，同樣的產業就有各式各樣不同的產品，要怎麼在產業中脫穎而出，需要運用的除了工具之外，最重要的就是網路行銷方法。必須想盡辦法用各種網路行銷方式來掩飾「產品優勢不夠」的問題，再延伸出企業主重視的「口碑行銷」集客效益。

廣告成本越來越高，怎麼做才能讓品牌和產品吸引消費者目光？品牌力必須利用良好的社群經營手法來達到目的。找尋社群行銷的真正定位與目的，減少不必要的成本，達成高效益。

「社群行銷」已經變得有難度，所有企業幾乎都有粉絲專頁，要用低廣告成本，甚至免費達到宣傳品牌或產品的效益幾乎不可能。大環境已經不利於企業社群經營，偏偏對於社群經營的觀念錯誤，看不到效益，只好砸廣告爭取曝光，而現代閱聽者已經越來越聰明，越來越不容易被廣告吸引，於是產生了高成本、低成效的惡性行銷循環。

錯誤的社群經營觀念，就是誤把「社群」當作「廣告平台」、「推播通路」來經營，造成互動率極低，沒有流量（更甚是主動型的自流量）、自說自話、沒有互動的殭屍社群。你需創造出和消費者的「情感交流」，而非不斷放送產品與活動訊息，這樣只會讓你的社群看起來如同直銷等強迫型的銷售交易

模式，讓粉絲受眾感到反感；社群真正核心價值是建立人與人間的連結，對企業來說，就是建立起品牌與消費者之間的橋樑，創造出消費者對品牌與服務的好感，讓他們自然將品牌或產品擴散出去。

「口碑行銷」在業界盛行已久，利用開箱文、心得文來影響消費者決策行為，就是以往口碑行銷的模式。不過，以目前的社群經營來說，這些貼文對消費者來說可能已經失去當初的信任感了，因為太多屬於贊助文章，也就是「業配文」。現在要做的口碑行銷，已不能像當初那樣，而是必須讓消費者把品牌、產品或服務真心推薦給他的朋友，發散出去，才能形成真正的「口碑」。

而社群就是建立良好口碑的最好渠道，利用真實的「好內容」，打動消費者，正中「痛點」（目標消費客群心中沒有說出、但又真正渴望的欲望），內容因為實用而被擴散，減少廣告開銷；再經由內容發散後，品牌力也就逐漸形成。

集客式行銷是透過長期的自媒體「內容行銷」，以時間成本導入的方式，取代高花費的廣告成本，逐漸發展出真正能打中消費者痛點，並給予解法的品牌集客力。讓消費客群化被動為主動，創造出「線上形成社群，線下形成口碑」，建立起品牌力，打造真正具有含金量的行銷通路。

社群經營與行銷一樣，不是一件盲目向前的事情，需要隨時進行反思、檢視，找出錯誤、盲點，並且靈活執行修正的項目，透過修正、微調才能創造出

更大的效益。

自媒體、社群媒體操作常見銷售導向，失去人情味，社群媒體的初始定位為資訊分享、生活分享的平台，而非以銷售為導向，在發文的內容分配需掌握精確比例，讓原始的推廣目的達到，同時也藉由其他類型的輔助主題來讓整個自媒體、社群平台保有人味，並且在粉絲受眾的內心能保有黏著度。

單打獨鬥單靠一種社群媒體，是絕對不足以面對目前競爭激烈的市場；以 Facebook 臉書來說，雖然該平台在台灣市場已經涵蓋大多數的使用者，但仍有部分的潛在客群粉絲受眾並不習慣使用，因此就必須考慮多元化經營的重要性，而且各個社群媒體的強項不同，如僅僅依靠單一的社群媒體，也更容易在發展上受到限制，分別運用不同社群媒體的強項進行發揮，才能讓整體效益提升。

創業者需要具備自建經營的平台，才有能力並且運作自身平台去培養粉絲受眾的量體與互動程度，也才能發揮出加乘倍數的效果。千萬別只顧粉絲量，忘記還有殭屍粉絲與粉絲存活度、粉絲質與量的關係，粉絲受眾的量體固然有其重要性，但不能忽略的還有你的粉絲受眾互動性。

3-2
自建交易通路的
重要性

A. 有效的社群平台整合行銷架構

許多企業在面臨電商浪潮的衝擊後，紛紛開始學習電商行銷的應用，讓企業被看見，化被動為主動，不再苦苦單方等待客戶訂單，而是直接找尋及接觸、感動客戶以取得獲利可能。所應運的策略方式為異業結盟，彼此企業內部資源及培訓共享交換，也採取了競合的關係，並且有志一同的學習電商經營及直播等方式，就是要打破以往台灣廠商單打獨鬥的方式，以集體狼群的領導策略進入國際市場，與許多國家力輔導下的傳統產業一較高下。

其中電商經營模組就是最大的經營技術，關鍵為：如何有效的藉由社群平台，以行銷整合來架構，將資訊傳達到消費者心中，並讓消費者化被動為主動，流入品牌企業的資訊儲存槽中。其中包括如何製造流量？以及傳統企業如何轉行現代化？怎麼利用社群平台做行銷等等。

比如說，在 Facebook 臉書中要創一個想用來行銷的帳號，在個人資訊處就要填好填滿，因為網路是一個虛擬世界，需要給人值得信任的感覺；而在 Facebook 臉書發文時，盡量不要永遠只 PO 太過商業利益導向、失去人味的資訊，要適時加入一些經驗分享、有啟發性的東西，加深客戶印象。如果能夠不間斷地發表一些跟工作領域或興趣相關的文

章，日積月累下來，就會被認為是這方面的專家。

👆[第一個重點是「找到對的定位」，讓消費者知
　　道「你到底是賣什麼的」。]

客戶所需要的可不只是商品本身，還需要你能夠給
予專業的建議，讓消費者買到自己真正需要的東
西，因為他們除了怕買貴之外，更怕買錯，但只要
你能做到這點，就算價格不低，消費者也會買。不
論你賣什麼都必須要有照片甚至是影片，更需要寫
出一個吸金的文案，用適合的系統方式傳播出去，
例如：直播等。

👆[第二個關鍵是「佈局通路」，也就是你想要在
　　哪裡出現訊息及賣出點？]

一般剛起步的時候，都會在大型電商平台上開店，
但一段時間後，就必須著手準備你自己的網站（如：
品牌官網），有了網站可以省去很多的協商機制，
商品也不會被平台抽取許多行政費用；再來是視
覺設計、甚至是結帳流程，都會有比較多元的發
展空間。更重要的是，當你要開始進行廣告投放
（如：google 的關鍵字、多媒體廣告等，或者是
Facebook 臉書廣告的結點）的行銷曝光時，也比較
好置入關鍵字程式系統 SEO 優化，甚至可以進行名
單再行銷的操作。

B. 從流量數據判斷社群行銷的成效

流量的定義就是：在網路上，流經某個可以產生特
定反應的數量。通常我們在計算流向的時候，會使
用一個專有名詞叫做：IP（Internet Protocol），

任何一個設備連上網路時，全球的網路協會即時且自動地賦予正在上網的設備一個 IP。當某個群體，受到一個特定因素的驅使，使得這個群體在移動的過程中，會經過某個可與其產生互動反應的地帶，而經過該地帶的數量，我們就把它稱之為「流量」。

不論是吸引式流量，還是廣告推送式流量，各有各的好處，順應市場狀況來產生流量，流量除了可以用來源模式分類之外，需不需要花錢也是一種分類方式；因此我們可以再將流量細分為免費流量與付費流量。

| 免費流量 |

「免費流量」顧名思義就是流量的來源不用花一毛錢，假設你創建了一個 Facebook 臉書帳號，積極加入 Facebook 臉書上的各種社團，然後拼命在這些社團上張貼廣告，讓網友被你張貼的廣告吸引，進而點擊廣告中的連結，連去某個網站產生流量，這就稱為一種免費的流量。

嚴格來說，免費流量不是真的沒有成本，只是沒有實質上的金錢支出；但對於剛踏入網路行銷的人來說，可能沒什麼額外的行銷預算，有的就是時間，他的時間很多，所以免費流量對他來說就是一個很好的選擇。

| 付費流量 |

反之，「付費流量」就是要花錢的流量，當別人在搜尋引擎找尋資料時，只要和你的產品或服務所設定的關鍵字有符合，那你的網站就能出現在最上面

或最右邊的廣告區，曝光率可謂相當高；但要達到這個效益，你得付錢給關鍵字廣告平台才行，而這就是一種付費流量。

希望廣告出現在 Facebook 臉書頁面上，那自然是付錢給 Facebook 臉書了。付費流量的好處就是效果快，能產生立竿見影的產量，假如你是透過 SEO 帶來流量，從開始操作到排名成功、排到第一頁上，那可能要花一些時間；但如果是透過付費，購買關鍵字廣告，可能不用一周，位置就能衝到很前面了，甚至可能是第一、二名。

付費廣告還有一個好處，就是即使不增加額外的人力跟時間，也能讓流量倍增，營收自然也會跟著倍增。在現實系統的操作中，並非下多少預算就能帶出預期的成效，必須不斷地觀察修正廣告內容，付費產量會在某個點上產生最佳的投資報酬率，但超過那個點之後報酬率就會遞減，如同經濟學上邊際效應＊的概念。

> 邊際效應：經濟學上某一物品的增加相對的滿足程度。

Facebook
臉書

SNS 社群

自己架設
的網站

E-mail

行動通訊

直播

影片視頻

網誌、
微網誌

關鍵誌

聯盟行銷

流量來源

流量來源可以是 Facebook 臉書、SNS 社群及自己
架設的網站、E-mail、行動通訊（如：Line、微信）、
直播、影片視頻、網誌、微網誌、關鍵誌、聯盟行
銷…等。其中直播和視頻的流量相較下能帶來最高
的瀏覽量，影片視頻也能夠有上萬人的觀看瀏覽。

C. 策略的擬定全面觀，電商平台與社群串聯 的執行與盲點

中小企業在制定策略的大忌為：通常只憑過去經驗
或洞察市場（所謂的觀察），就開始研擬策略方針，
經過決議後就開始實施，但後果追蹤及結果往往大
幅低於預期值；若以數據做基底再來觀察市場，將
狀態變數做出有效分析，研擬成策略決策實施，才
能產生出最後的價值。

現今的消費市場轉換非常快速，從原本的計劃經濟
時代，所強調的是物美價廉與功能性，慢慢演變為
商品經濟時代，開始重視消費者定位的問題，事先
鎖定受眾，進而區隔細分出市場，這也是目前商管
學院一般大專教科書所教授的重點理論之一，所以
許多台灣業者往往應用上列的兩個經濟方案來經營
施行。

在經貿政策保護主義下的台灣是能夠生存一些時
日，但隨著阿里巴巴、淘寶等跨境電商的到來，及
社群互動媒體及 APP 程式如雨後春筍般被研發創新
出來，讓業者們吃盡了苦頭，業績大幅滑落卻不知
所措。

電商是前先的市場環境重大改變的契機，主要是應用社群媒體大量曝光，吸引及建立消費者的信心，誘發消費者的點擊及瀏覽頁面的頻率，藉以大數據準確分析消費者的喜好及行為，讓創業者們知道消費者需要什麼，而去生產設計商品或勞務，來滿足消費者的需求及喜好。

另外，跨境電商則打破了法律屬地主義的限制及國界，海外消費者可以輕鬆訂閱他國的商品，利用各種不同的物流管道運到消費者手中，這樣的操作方式讓傳統業者幾乎招架不住，紛紛倒閉或暫時歇業，所以電商對業者而言，是現在不能不會的經營生存技能，已嚴重攸關企業品牌的生存之戰。

3-3
多元平台建立的串聯與應用

A. 新興獲利模式：多元媒體串聯應用

想要仰賴單一平台賺取利潤空間，已經是幾乎不可能的狀況，因此身為創業者的我們，開始讓自己的觸角多方發展。這樣的發展到底能不能立即見效，是許多創業者想問的，畢竟在創業初期，可能沒辦法有大資金來進行多平台的操作。坦白說，這是有點困難度的！因此前文中才會提到成功業者的經驗是採用漸進式的作法，但在這邊又很容易會發生一個問題：如果你希望經營的消費客群（粉絲受眾）是一個橫跨年齡區間、使用習慣各不同的狀況又該如何是好？此時，創業者就需要在多平台的經營與串聯中做出取捨，或者必須要找到多平台之間的可共通點、可共容性，這樣才能夠利用最小的資源，產生最有效率的成果（偷作弊方法）。

Facebook 臉書與 Instagram 屬於同一個經營體系，許多使用者會採用兩個平台同步發文的方式，來兼顧兩個平台的狀況，若在此兩個平台中分別使用粉絲專頁以及商業帳號，則有辦法利用 Facebook 臉書的粉絲專頁後台管理區域同時進行管理。

固然這是一個可以快速經營的方式，但兩個平台分屬不同的消費客群，在圖片、影片、文字的運用上若採用全然相同的內容，較容易發生觸及率、回應度不平衡的問題；在這樣的情況下，會建議創業者

在使用上可以運用同一套素材，不過需要在後加工時做出變化，分別適應兩個平台的習慣語言，如此才能在達到效益的前提下，花費最低的時間與心力成本。

然則，並不是在素材發文上去平台之後，就可以放心等待成果了！真正的功夫還在後頭，相關的反應狀況、觸及效果、主動以及被動行銷成效，都是創業者（平台操盤者）需要持續關注的重點；從這一些觀察要點中，會找到自身平台的粉絲客群習慣、互動狀況，例如：習慣什麼時候上線使用？對什麼樣的圖文影音甚或內容素材的反饋程度是較高的？透過這一些反饋（P66 行銷階段中的「後期」回饋與改善）來進行後續的內容作法調整。

在 Facebook 臉書的閱讀習慣上，以短文案為主，通常大約 3-5 行的文案是最常見的，一來是因為這樣的長度是粉絲受眾最容易閱讀、也最不容易略過的長度；再者也關係到平台本身的介面限制，超過固定的字數之後，內容就會被隱藏起來，若想要看到完整的內容就需要主動點擊「更多」，但從行銷層面來看，這就多了一層障礙，因此，在 Facebook 臉書的發文上，通常會採用短文案的邏輯來進行操作。假設內容需要透過較多的文字敘述才能完整陳述，就會想辦法在前 3-5 行的內容中，將最吸引粉絲受眾目光的放上去，希望藉機讓閱讀者有動力可以點擊「更多」來觀看內容。

這樣的作法也不失為一種個人網站部落格的變化型態，但是僅將這一些長文案放在 Facebook 臉書的

Facebook 臉書不能只有粉絲頁的經營，個人帳號以及社團都扮演著不同功能的重要角色。

平台之中，對於 SEO 的效果並不夠好，針對 google
的搜尋能見度排名的狀況較不容易帶來明顯變化，
也因此想要經由 Facebook 臉書帶來主動式行銷的
狀況會較不佳。

此時，個人網站部落格就能補足這部分的狀況，將
內容完整呈現（從前因、經過、後果的描述都能詳
盡，且能吸引消費客群以及粉絲受眾的目光），並
且在 SEO 的優化上也能夠有較佳的效果。假若僅僅
複製、貼上也是不夠完善的，通常此時，創業者就
需要思考 SEO 的關鍵字搜尋狀況，並且在文中置入
相對應的關鍵字，才能將效果發揮到最大。

> ＊此處所指的個人網站部落格，除了目前已知的幾個平台系統之外，自
> 架網站也是一個可行的方案，若自架網站就需要注意其中後台的 SEO
> 可行性問題。

B. 搶攻年輕市場 Instagram 美感應用

延續前文中提過的 Instagram，這個平台的主力使
用，以相較年輕（約為 25 歲以下）的粉絲受眾為主，
這一個世代的粉絲受眾可說是網路的原生代，幾乎
從小時候就多習慣接受圖面的視覺，相對於文字內
容較沒有感應、或喜好接受程度是較低的，因此在
Instagram 出現之後，這一群目標消費者（粉絲受
眾）就對這個平台的愛用程度倍增。

圖像化、影片化的內容是操作這個平台的重點，素
材夠好再加上內容標籤「＃」的設定正確，就有更
多機會可以帶來主動的曝光。使用者對於拍照畫面
的追求也是以「美」、「意境」的呈現為主，是故，

若想要在這個平台上得到較高的關注狀況，就需要在畫面的美感、構圖、顏色、濾鏡上多下功夫，除此之外，想要讓自己的平台可以順勢成長，就需要把追尋時事、流行話題當成重要的經營課題，這一些流行包含了打卡地點、網美景點、甚至是「＃」的分類標籤。

同時，也因為這個平台的使用者較為年輕，很願意嘗試新事物，或至少願意給這些新事物多一點的目光，因此，許多新商品、新流行都會把 Instagram 當成初入市場的一個嘗試目標。再來，因為這一平台的粉絲受眾較年輕，未來還有很多可期性、發展性，是故即便創業者已經很明確知道自身的品牌目標消費客群屬於 Facebook 臉書，但是依然不能放棄 Instagram 的經營，一來是因為新客群的記憶植入（培養對於新品牌的認知），二來適合放上 Instagram 的照片特性，也適合作為商品情境照的畫面呈現（對於創業者而言，都做了就不要浪費）。

但如果你是屬於經營 Instagram 為主的創業者，便更需要了解 Facebook 臉書的操作，當然沒有透過 Facebook 臉書也可以使用 Instagram，只是當創業者計畫要在 Instagram 投放廣告時，就會強烈建議，還是需要透過 Facebook 臉書的介面來執行；其能調整設定的項目較多，也更能精準的掌握消費客群的輪廓，避免發生廣告預算虛耗、成效不高的情況。

反之，若以 Facebook 臉書為主的創業者，在進行廣告投放的時候，是否需要一併將廣告投放給 Instagram ？想要這麼做之前需先思考：該圖片、

Instagram 需要掌握個人帳號與商業帳號，相互搭配效果更佳！

商業帳號還有數據報表可
參考，加速了解投放狀況。

影片素材對於 Instagram 的使用者來說，算不算
user friendly（方便閱讀）？同時這樣的素材內
容，對於在此平台上的粉絲受眾是否具有吸引力？
若在這一階段的思考，就已經發現不容易打動其
使用者，就不建議直接將這份廣告文案強迫推給
Instagram 的粉絲受眾；如用強迫推銷的模式處理，
不僅沒有帶給新粉絲受眾正向的記憶，反而會因為
這樣的既定認知，讓整體的未來性堪慮。

假定廣告素材原本或已經更換成適合 Instagram 的
視覺感，在廣告的投放前就會思考要準備多少預
算，這樣的廣告模式目的就不一定是希望達成交
易，而是進行品牌知名度的推廣，這樣的推廣模式
成效往往需放長遠思考，於是創業者就必須要針對
自身的廣告預算配比進行評估。

C. 跟上時代影音大勢 YouTube 找到新客群

YouTube 的應用與串聯功用前文較無提及，想要使
用這個平台不一定需要把自己變成影片中的主角；
對於初期創業者而言，直接拍攝專業影片的成本會
相對高，因此這時候的思考，可聯想為社群平台的
延伸應用，希望透過借力使力的方式，來讓自己的
平台介面、商品勞務等更容易被看見。

當然，創業若到達一定階段，在資金運用以及對於
未來品牌風格化的追求情況下，還是會建議可以透
過專業影片的操作，來讓自己的影音專業化、提升
能見度，同時若能搭配品牌風格的規劃，對於整體
發展更有加分的結果。

雖說以 Facebook 臉書與 Instagram 的影片以及直播的演算法而言，能帶來的主動性觸及是相對漂亮的，想要透過這些社群平台經營品牌當然不能錯過這些素材的產生，畢竟流量與觸及度，就是社群平台上相當重要的一個指標關鍵。

但若討論到影片以及直播的素材，就不能忽略 YouTube 這一個主要介面，依據消費客群（粉絲受眾）的使用習慣，一講到影音自然會聯想到 YouTube，也很自然的會優先透過這個平台來搜尋想要的資源內容，於是乎對於創業者而言，既然是一個曝光的機會就不應該放棄，可以將自己放在社群平台上的原創影片、直播放上 YouTube，增加能見度。不過並不是赤裸裸的放上去就能帶來效果，通常至少會將其標題、內容做簡易的 SEO 處理，讓影片的搜尋效果更顯著。若仍行有餘力，就會在影片的封面照與剪輯後製方面付出時間以及心力，使整體的完整性更高、更有水準。

在此，筆者一樣要再度重申，身為創業者可以不用親手操作影片的剪輯後製等技術層面，但請不要忽略 YouTube 跟其他的平台一樣，是有後台數據報表的，這些報表內容對於你在後續的影片內容、呈現方式、粉絲受眾反應效度，都是相當重要的指標，需要透過這一些數據資料的提供，來增強自身平台的主動觸及度。假若，創業者也希望帶來流量以及人氣到 YouTube 上，也不能忽略影片上傳後的再行銷、再推廣動作，這些行銷手法都是一個平台經營成敗的重要影響因子。

3-4
因應直播趨勢，
你的銷售方法要跟上

A. 為什麼要跟上直播？行銷模式的改變

許多虛擬軟體紛紛推出直播功能，目的就是希望能夠與粉絲、消費者直接面對面的互動，拉近彼此的距離感，這是一種客製化及行動社群的演變。

過去文字、圖片、照片、網路超連結分享，都沒有直播的效果顯著，探究其原因，就是粉絲及消費者希望窺探直播者的日常，看看是否與自己的生活有所不同，若出現反常態性的行為就會普遍得到廣大回響；另外也能適時創造一種單獨客製化及體驗式的效果，讓銷售商品這件事不再那麼無聊及單純。

但是這樣的新型態行銷模式也多了許多議論的空間，這種行動社群改變了人與人之間產生影響力的結果。數位時代的新價值是：包容勝過集權，水平勝過垂直，社群勝過個人。這樣的情況下歸類出，需要獲得這些因子的正面回應，才能從競爭者中脫穎而出。

整體來說，直播行銷是以增進品牌社群影響為中心，這裡的行銷型態的關鍵對象，具有早期採用者、市場趨勢的創造者、遊戲規則的改變者的特性，包括資訊蒐集者、全面採購者、家庭經理人及社群連結者、品牌傳教士、內容貢獻者，皆能在直播的互動情境中將這些角色勾勒出來。

直播改變了新行銷模式的要點，其行銷模式有幾個重點：

重點一：「5A 體驗」*。其中以 4A（action 行動）及 5A（advocate 倡導）最為重要。

重點二：直播時要「扮演一個值得信賴的朋友角色」。讓人感覺有智慧、好相處、有情感、有個性也有道德，好的行銷是一個值得信任且能聆聽消費者焦慮，也回應渴望的直播主。

重點三：「內容行銷」。透過產製好的內容吸引消費者注意，引發好奇與關注。

重點四：「數位與實體的全通路整合」。如同新零售不該有線上與線下的分別，應是兩者之間的整合串聯，藉此達成多元化應用，以完成極巨化效益。

重點五：「經營社群關係」。致使消費者為品牌倡導。直播管理社群的方法很多，讓消費者討論是非常重要的，即便有些負面的聲音，但負面宣傳能夠帶出後續的正面擁護。習慣上網購物的我們會搜尋評價、查找相關資料，不管是產品資訊或使用心得還有價格比較，當作重要參考，若一致都是好評，反而消費者對可信度存疑，若是有負面的中和、辯論及各方回應，消費者會認為是真的有人在使用產品，可以嘗試，大家感受不盡相同，也為此品牌有可能的不適用打了預防針，現今和品牌相關的隨意對話，變得比針對性的廣告活動更具可行度。社交社交圈已經成為主要的影響力來源，遠勝過外來的

5A 體驗：
aware / 認知
appeal / 訴求
ask / 詢問
act / 行動
advocate / 倡導
由行銷學家科特勒
（Philip Kotler）提出。

行銷傳播，甚至個人偏好。在選擇品牌時，顧客更傾向跟隨同儕的帶領，這就好像用自己的社交圈建立起堡壘，保護自己免於受到不實的品牌主張和行銷活動詭計所危害。所以品牌厭惡者的惡為必要之惡，因為他們才能讓品牌愛好者活躍起來，否則品牌的對話會變得相當無聊。

隨著大規模的群眾都上網的情況下，市場行為出現巨大轉變，人們在店內可以立即搜尋比價跟評論，消費者因此可以做出更聰明的購買決定，從直播行銷傳播的角度來看，<u>人們不再是被動瞄準的目標，而是積極的傳播媒體。</u>

B. 消費者吸引力與直播型態的關聯

直播是一個集結矛盾與全通路整合的商機模式，因為即時播出就算事先演練，也有可能發生不可預期的插曲，但這樣的矛盾及狀況反而讓消費者及粉絲們，更加覺得親切及平易。在高科技世界裡，人們

渴望更多接觸，當社交需求高的時候，我們會更想要量身訂作的東西，經由大數據分析支持，當今產品變得越來越來具有個人特色，服務也更客製化，直播關鍵就在於善用這些矛盾，直播主發表自己的內容希望獲得互動及關注，即是社交的高度需求。

現今人們的社交時間有一大部分在網路上，不僅忽略面對面的互動，甚至時時刻刻都要將周遭事物放上網，這樣的情況使人更加深思網路與人際的關係，也是科技跟人的社會在互相權衡跟發展，新顧客的特性讓我們了解到，未來的行銷體驗是網路跟實體世界無縫接軌的顧客體驗路徑，而不斷變動的社會環境，我們得要保持警覺、吸收新知，同時修正步驟因應變革。

直播有三大類型態及收益來源，一般直播可分為：「網紅型」，單純大量曝光自己，創造個人知名度。另一種為內容行銷的「知識分享型」，例如：旅遊景點或財經知識等。許多原本為知識直播主，因為廣為大家所喜愛熟識，也擁有網路的發聲量，逐漸轉化成第三種類型，即為「綜合型直播主」，除了擁有專業知識外，也有許多粉絲的支持及追蹤，直播的來源除了本業的商品銷售業績外，因為消費者粉絲受眾的區隔精準，許多同受眾的品牌廠商就會找其代言。

直播類型

網紅型　　知識分享型　　綜合型直播主

另外也有許多業者將同類型態直播主們聚集，成立直播銷售平台通路，負責推廣及銷售委託廠商的商品，為直播的經濟及社會價值帶來許多延展的空間及可能性，甚至部分直播主的發聲量足以影響社會的觀感，讓政治策略決策有所牽動。

許多虛擬平台軟體都有推出直播功能，要思考受眾在哪使用，就用那一個虛擬軟體直播，是重要的起步關鍵，直播後再將內容製作成影片，分享超連結至其他官網或電商平台上，並且運用 SEO 關鍵字設定跟置入程式，讓有需求的人都可以在搜尋平台第一個找到你，如此一來才能將品牌、商品、勞務、觀念順利的、無界限的推廣出去。

Chapter
4

不滿足於現狀，更大的海外跨境資源

4-1

不只是企業，個人微型創業
如何經營多國跨境貿易？

A. 走出台灣市場的契機與動力

台灣雖然積極參與國際事務，在整體的民主制度及人民素質教育水準，都在世界排名上，完全不遜色於先進國家，但為何單就薪資無法跟上國際的水準呢？處在低薪的負面情緒狀態之中，造成許多優秀專業的人才放棄了美麗溫暖的家園，到對岸或其他世界市場去尋找更好的報酬與就業機會，大部分海外就業者的心聲，雖然擁有較高的薪資所得回報及市場舞台空間，但卻不快樂，因為當地高的物價指數或文化習俗風情的不同，或多或許都有所排外的情結產生，導致海外工作者無法完全融入當地的社會團體，而且以台灣的出走潮而言，大多是單身赴任，妻小家人及父母親則留在台灣，這在親情上也是一種殘酷的現實剝奪。

台灣就業機會及薪資為何會如此低廉？究其原因有相當多的因素，除了政治因素，被打壓的國際市場，無法以國的身份與世界經濟市場取得最惠國待遇，業者廠商無法獲取進口生產原料及成品輸出價格的優勢，以致增加生產成本…等；其實最重要的關鍵因素為一經濟保護策略，政府為了保護台灣產業，強化對外進口產品的管制，讓業者們有充分的空間可以在國內市場銷售，但長久下來，業者在保護策略的保護傘機制下，企業主卻漸漸失去了創新的動力源。

國界邊境關稅貿易障礙的管制，實則無法抵擋虛擬社群世界的傳播，虛擬電商的崛起，將商品勞務無國界化的傳遞，使得國內消費者藉由網路平台便可輕鬆訂購海外的商品服務；也因此國內原有的廠商，僅僅守著既有通路實體店面，就受到強大的衝擊，逛街消費人潮突然從街頭消失，商圈隨之逐漸沒落，商家也開始被迫轉型學習電商，或者被市場的洪流所淘汰倒閉。

另一個重要原因是「價格的管制」，政府希望擁有低浮動的 CPI*，也因如此，政府機關對於調漲幅度高的商品或廠商會加以關心詢問，如此一來造成了商品呈現均一低價化，相對於消費市場來說，也習慣只付出這樣低廉的價格來購入商品或取得服務，因此，長久下來消費市場變成均一價位社會主義模式，商品的售價只能越來越低以滿足消費者、符合市場的競爭優勢，到最後無利可圖時，就鋌而走險用假及劣質原料替代，使得 MIT 台灣製造在世界觀感蒙上一層陰影，廠商的獲利不高，自然也不會增加產能跟投資，更不用說調整員工的薪資待遇。

CPI：消費物價指數（Consumer Price Index），用來衡量該國的物價水準指標。

廠商就算有賺錢，也擔心未來是否會被快速變動的市場所吞蝕，所以台灣薪資所得 10 年來平均薪資只增加了些許，物價卻翻轉了數倍，尤其是房價策略失當，已經非一般上班就業族群所能想像，喪失了居住正義，造就全球資本主義下的通則問題─富者越富、貧者越貧的高度 M 型化社會結構，廠商不願將獲利所得分配反映在員工身上，員工面對高物價消費就相對保守，尋求高 CP 值最佳性價比為消費市場的購物準則，如此惡性循環，貨幣供給市

M2 貨幣供給狀態：民眾將錢大都存入銀行定存導致資金流通不順。

場呈現 M2 貨幣供給狀態＊，內需經濟蕭條虛弱，如此一來，本土企業也很容易被外來國際企業所替代，國內即大幅降低就業的機會及舞台。

B. 創業者迎向新的舞台，跨境轉移個人微型創業

為什麼創業者在這種情況下會需要搭建自身的舞台？在現今低薪所得的環境市場中，已經是不能避開的趨勢，但是要怎麼做呢？

虛擬電商社群的興起，讓許多人有了機會，也因此擺脫了過去對於創業的印象；以往認為要先有一大筆預備金，隨後承租辦公室、設立公司行號，之後找尋實體通路店面，進而裝潢買貨來擺滿陳列，慢慢一步一步等待累積客人就會上門，生意就會好轉、轉虧為盈。在過去這樣的思維之下，前期需要的投入成本是相對高的，透過此般經營模式，在過去無虛擬社群電商的市場或許可行，但若面對現今的市場，卻是一條通往地獄的死路。

每一個人都有機會成為企業經營者，但前提是會善用虛擬社群平台來分享、行銷自己，藉此不斷的嘗試，找到目標消費客群（TA，Target Audience）（粉絲受眾），互動接觸、深入了解客戶的需求，進而引發出商品或勞務的想法，將客戶需求回饋整合到創新過程中，是減少市場不確定性的重要方法。

在過去的 30 年裡，客戶（消費客群）的地位一直在變化，在創造價值方面成為積極的共同設計者，

並非單純的被動接受者。成功的創新者是積極參與，並擴展在網絡中的能力，尤其包括聚集客戶共識的能力。在這種情況下，「整合客戶」對企業創新及經營成功是決定性的影響能力。

創業者們應該多到海外市場，尤其是鄰近的亞洲先進國家，如：日本、韓國、泰國、中國大陸東南沿海城鎮等地，搜尋國內市場喜愛或接受的產品、或新的商機模式，以虛擬電商平台來經營買賣交易。常用的方法為：買空賣空的勞務交易模式，這種交易模式經常被稱之為「代購」。

筆者要在這邊提醒所有創業者，這樣的經營模式不是單純的客人要我買什麼就買什麼，而是需要把商品企劃、時程規劃、通路經營、社群串連等等的觀念都一起運用上去，如此，才能將自己的事業化被動為主動，與其等客人上門，不如把我希望、想要的舞台布置好，讓消費客群也成為舞台劇情規劃的一部分。這樣的經營方式絕對不是買張機票出國購物帶回給客人這麼簡單（稱之為「跑單幫」），需要投入的時間消耗、體能狀態等機會成本都是高的，但是以獲利層面來思考，這樣的經營模式卻不是產出最佳性價比的狀況。

希冀可以避免過度無謂的消耗，是故連結海外的廠商提供商品，並利用當地貨運貿易公司報關進口，是目前多數能夠長久且穩定運作的經營者所選擇的操作方法，這個方法當然也是採用代購先賣後買的邏輯，取得代購金及商品本身的價差。這個時候，創業者就會面臨到另一個問題：「資金」，需要買

貨不就表示需要一筆流動資金嗎？因此，部分的創業者為了避免資金短缺、週轉不急的情況，就會在交易規定上設定為：需要預先支付商品費用（全額、部分），藉此來降低自身不需要先預置一筆創業及購物金的狀況。

另外，目標消費客群指定購買的商品自然是買空賣空的營業模式，沒有傳統產業所謂的庫存壓力，等到慢慢掌握目標消費客群（TA，Target Audience）（粉絲受眾）的喜好後，再大批購入商品；如此進階下去，就離中大盤商及品牌之路不遠了，擁有多國海外廠商資源及貿易貨運公司的協助，就可以多國商品交叉移轉，形成跨國企業貿易型態 MNS*（Multinational Enterprise）。

跨國企業貿易型態 MNS：多國企業經營，將企業體結合海外各區文化市場，在外的設技企業經營生根。

當創業者的產業串連已經達到這個階段時，就可以順利的將日貨賣給韓國、泰國或中國市場，也可以把泰貨銷售賣給日本、中國市場等地，只要你擁有當地的貨源，同時能夠串接到有力的貨運貿易公司來協助進口報關問題，就可以把這些資源活絡的轉移運作，並藉由各地虛擬電商通路串連成為一個亞洲的經濟企業體，讓商品的目標銷售市場不再侷限，或是需要投入太高的成本來完成這樣的計畫。

經營跨境轉移不應該再是大企業的專屬工作項目，把平台通路（虛擬電商、社群平台）完整串連後，再將商品與貨運物流進行交互跨境轉移，你會發現：這樣利用虛擬電商平台來創業經營是不需要什麼成本的。

C. 後疫情時代，電商微型創業定義新的可能性與風險危機

近來疫情爆發後，「電商微型創業」是一個又再度被重視的名詞；意義是指：「以非常少的資金、人員投資，就能有效地開創新的事業體」。也因為付出的成本相對較低，故具有高度變動彈性，能夠應變遊走、並隨時調整於不同的環境之中；相較於小、中、大型企業，所承擔的固定及人事成本相對沉重，在市場變動的衝擊中不易快速調整，以至於可能應變不及導致於全船殲滅。

目前大型跨國企業及中、小企業因各地的鎖國策略，導致產業鏈及供貨銷售市場產生斷鏈（更嚴重碎鏈），業績收入大減，企業開始節制成本開支，通常企業主首先想到的多是關於人事費用支出，是故許多人馬上面臨無薪假及裁員失業；這對於個人甚至國家整體經濟而言，都不是樂見的狀態，因為失業將嚴重影響內需經濟，內需進而影響企業，企業沒有產能及研發的經費，幾乎無法外銷跟生存，此為惡性的經濟循環，逐漸引發社會治安問題，轉變成各國間的動亂。因此，鼓勵個人成為電商微型事業體，是各個國家政體除了防疫工作外，另一個刻不容緩的課題及解決要項。

過去實體接觸的事業體無法應對這樣的變動，人們不再上街、不再群聚，仍然存在的購物慾望及需求，則轉變為依賴大量的虛擬網路電商來滿足，一改親自前往賣場、冒著群聚染疫風險的排隊搶購，因此許多實體產業面臨大幅衰退甚至倒閉；但是海外物流貿易跟跨境電商則逆勢呈現大幅的成長。

這樣的需求與商機是顯而易見的，但這並非是中大型海外電商的專利機運，許多個體戶、甚至在職斜槓複業的人們，開始嘗試利用國內貿易中盤商下貨預定，並且善加利用虛擬社群平台來經營自媒體，做出自我的呈現；交易模式僅需要電腦或是手機，不需要店面及辦公室，也不用部分的員工同仁，一開始只靠自己一個人就能完成一筆筆的訂單，所採取的為買空賣空模式，不像一般傳統業者需要先有貨物，再慢慢等待消費者上門購物，萬一銷售的速度比不上資金的成本週轉，就會產生嚴重的現金流問題。

不過，透過這樣的經營模式就可以人人成功賺錢獲利嗎？在以往的實體產業、各級企業的財務報表結構上，通常倒閉的並非銷售不佳的廠商，大多是銷售太好，但是應收帳款進來太慢，以致發生嚴重的資金調度周轉問題，進而被別的企業併購或是直接宣布關門。

是故相較之下，海外虛擬微型創業就相對的擁有許多低成本及現金流優勢，當然更能變動的適應高轉換市場。如果經營得當，就能依序從「代購」進階至「批貨」再至「批發中盤商」，並且皆以此虛擬電商交易模式進行，保持自身變動能量，當把事業基石建構穩固，後續往深根專業化品牌之路前進。

>> 跨境經營成敗不只是賣什麼？賣去哪？

若跨國虛擬電商如此具有優勢，為何那麼多人曾經嘗試卻做不起來？或者經營沒有什麼起色？所歸納出的原因不外乎有幾類：因為沒什麼實質成本投入，

就抱持嘗試的心態，沒有當作志業來實施，稍遇挫折就放棄、想著大不了回歸職場，這樣的心態是創業的致命傷；另外，創業前沒有經過慎密的規劃，最重要、所要銷售的對象是誰（目標消費客群）？在哪裡出沒？何時想要消費？為什麼消費？購物習慣如何？…等，都是針對消費受眾的分析跟評估。

除了受眾分析外，還需考量如何引進商品或勞務，是向國內中盤貿易購買進貨，還是直奔海外批發市場，更甚是進階，直接向工廠下單製造，不同的來源思維都有不同的成本與結果。

電商微型創業也必須針對事業體，規劃出短、中、長程計畫，不同的時期以不同的方式進貨，來滿足消費受眾不同的需求，並符合產品生命週期各階段的狀態，以擁有不同的價格及商品行銷操作策略，有無規劃會反映出企業對於市場的了解程度，有規劃才能循序前進，並且需要風險規劃管理機制，如何讓損失降至最低，是否有充足的時間轉型、或多元化方向營運，這都是企劃的首當要務。

再好的商品跟勞務都需要接觸到消費客群（粉絲受眾），並且讓這一群 TA 能夠喜歡並買單，這一切的努力才有意義，也是事業體最後所追求的終極目標—締結（交易）。

如何接觸到消費者、吸引消費者的目光，就是每個創業者的關鍵命脈，傳統的店面及廣告媒體耗費龐大的支出，但反應回饋卻不如預期，另外受眾區域也有所限制，是故利用虛擬社群平台來接觸消費者

是一種常態，以消費者的喜好及虛擬社群的接收平台，來針對這一群粉絲受眾執行有效的觸及，將企業的形象、理念、宗旨，有意無意、時時刻刻傳導到消費者腦海中。

文案媒介的方式雖然很多，但企業主需以各虛擬社群的喜好及程式演算，來符合虛擬社群，增加極大的曝光機會；直播跟影片現為虛擬電商的新寵，尤其是直播，可以拉近企業主與群眾的距離感，並且能即時互動，彷彿消費者親臨賣場、參與互動，打破了虛擬社群電商沒有人味、沒有臨場感的窘境，因為擁有這些優勢，至今直播仍是虛擬通路的主流核心。

4-2
亞洲各區域市場的競爭優勢與
依存關係

A. 進入亞洲區域市場：流行服飾產業 🔖
（韓國、中國）

許多業者想要從事時尚相關產業，腦海中第一個馬上就會想到有著亞洲米蘭之稱的韓國首爾，韓國為了維持這個文創設計之都，在行銷及教育上著實下了非常多的功夫及建設，幾乎傾全國之力，讓世界看到韓國首爾的文創及設計實力。但在韓國高度資本主義社會及士大夫思想的催化下，許多年輕人只願意學習並參與執行產業鏈的前端研發設計部分，高勞力密集的製造面則產生了很大的缺口，因此許多韓國的文創設計品牌不得不找出解套方法。

放眼目前的全球市場，誰有能力應付如此龐大的產製量，並且需擁有同一水準的製造技術？這時韓國找到了產業的合作夥伴，就是目前美國貿易逆差最大的對手——中國。

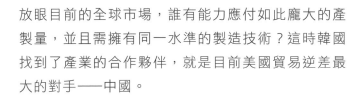

中國在全球化的世代，經過國內經濟向右轉的策略，幾乎成為世界的代工工廠，無論是歐盟、美國、韓國、日本等先進國家的商品，無不委託中國代為製造，以應付全球龐大的商品供需量，所以全國藉此機會大量的勞力投入增建工廠，改善了鄉村城市間的貧富差距，並利用龐大的產能將商品輸出到各國先進成熟的市場，才會造成如此驚人的貿易順差，引發美國的不滿，中國在世界的產業鏈中早已

是製造龍頭，幾乎全世界的品牌及商品無一不是出自中國製造之手。

>> 韓國批貨市場

韓國與中國在時尚產業鏈中，各有自身的角色須扮演。韓國批貨市場通常以首爾、明洞、東大門、南大門為主，弘大、梨花大學、狎鷗亭為輔。一般買家通常會安排行程為 3 天 2 夜、早去晚回，且以週二至四為較佳的購買時間，因為通常週日及週一，韓國東大門批貨市場大多在做大量新款進貨及換款的準備工作，所以現場較為混亂。另外南大門的部分商家選擇週六及日公休，所以真的建議，既然已經去了一趟就應該看到完整的資訊及店家，不然可能會造成些許的不完全及缺憾。

通常資深買家到首爾的第一站，會先至明洞商圈店家逛逛，了解熟悉該地店家所主打的商品，比對一下韓國流行的即時在地資訊，畢竟明洞就類似台北東、西區商圈數倍的區塊，逛完明洞後稍加休息吃飯，晚上約八點就殺到東大門，開始做大量選貨及批貨採購的行程，一般買家都會拼到凌晨約四點才會回到飯店休息。

另外若有需要飾品或一些大陸製的袋包類及其他配件，則會至南大門採購。南大門其實較類似台北迪化街及後車站的組合體，專賣一些南北食品雜貨、及批發服飾配件雜貨等品項。

若買家行程上尚有餘力，可再至弘大、梨花大學等地，尋找類似文創小物市集及個性設計師小店，藉

此尋求較一般大宗服飾批貨市場更有特色及部分差異化的物件品項，其商圈風格較類似台北的師大及台大公館商圈的氛圍。

而黎泰院及狎鷗亭等地，則以特色風格異國美食著名，尤其狎鷗亭是各國知名精品品牌開立店面的必爭之地。所以買家在批貨之餘，可以至當地朝聖一下精品陳列及櫥窗佈置的導向，黎泰院及狎鷗亭皆為首爾當地的高級住宅區塊，黎泰院近似台北天母地區，而狎鷗亭則像台北信義區商圈及中山北路精品街的混合版。

明洞
先熟悉店家主打商品，蒐集韓國即時的流行資訊

東大門
開始大量選貨及批貨採購

南大門
專賣南北食品雜貨、批發服飾配件雜貨等

弘大、梨花大學
文創小物市集及個性設計師小店

黎泰院及狎鷗亭
朝聖精品品牌的陳列及櫥窗佈置趨勢

>> 中國批貨市場

中國珠江三角地區為亞洲服飾批貨市場流行重鎮的第二選擇，其中又以中國的廣州、虎門、深圳較為著名；此區亦為日韓一些中低價位商品的委託製造地，其中虎門為最主要的生產基地。雖然日韓高單價物件服飾會留在本國內自行生產，但中國產地部分熱心的廠商，會隨即派員至日本東京、大阪及韓國首爾等地的服飾批發市場，做市場調查及商品開發，隨即不到約三週的時間，就開發設計、生產出類似且單價便宜近乎一半的款式。

若認為韓國產地商品的購買成本單價過高，中國珠江三角是買家們一個相當不錯的批貨購買選擇；一般而言，虎門和廣州為日韓生產重鎮，深圳地區則為歐美精品代工之地，對於日韓服飾的買家而言，虎門及廣州才是必要尋寶之地。通常虎門生產級別在中價位之商品，廣州則生產品質和價格較低之類似的款式與品項，所以筆者建議至當地買貨以虎門為重鎮，次要為廣州。

由於中國珠江三角地區的幅員相對遼闊，一般資深買家會安排至少 4 天 3 夜、早出晚回的行程，且以虎門、廣州為重要首去之地；由於週日和週一、二為部分商場休息及大進貨的日子，所以較建議買家，盡量排週三至六前往當地批貨採買。

普遍來說，會先安排前往虎門商棟檔口，確認自己所收集及欲採購的款式是否為主要銷售商品？單價為何？巡完後，晚間再去寫字樓設計中心，參考一下最新的流行款式或資訊，其中有大量的資料可供買家參考及小量下單製作，是一個不可或缺的資訊來源。

第二天再前往廣州，尋求可替代高單價款式的次級替代性類似款，第三、四天則將重點拉回虎門，選擇買家心中較高價位等級之商品品項，如此一來就可完整將商品類級別買齊，結束大陸批貨採購。

許多從事時尚採購的業者，除了擁有韓國的採購資源外，也必須擁有中國製造市場的後勤，才能創造較為優勢的產業鏈，中國也逐漸努力擺脫世界製造王國的稱號，邁向國際品牌之路。

B. 全球貿易競爭下，台灣市場的影響與應變

在中美貿易攻防之下，全球經濟都深受影響，台灣影響更是深遠。在產業鏈的架構下，台灣品牌業者大都將智慧設計研發中心留在國內，另外將高人力、高汙染的製造設置在大陸，消費通路市場則以歐美先進國家為主，此種模式使台灣成為世界第一的代工設計王國。

這一次的中美貿易，美國就是看到這一點：大量中國製造的商品及品牌進入美國內需消費市場，造成嚴重的貿易逆差；所以啟動了保護主義經濟貿易策略，提高重點商品進口關稅，雖然尚未啟動 301 條款及反傾銷關稅策略 *，卻已經讓身處製造鏈的台灣業者哀鴻遍野，相對的生產經營成本也提高。

另外，大陸先前提供許多優惠補助條款，讓台灣業者能在當地深耕經營，這是慣用的先進技術引進策略，好讓大陸業者能夠仿效及學習技術，但台灣業者習慣從一而終，不太思考局勢的變化，是故等到當地業者逐漸成熟，中國政府採取優質培植策略，大量給予創業資金、土地、廠房、設備、優惠營業稅率、通路的輔助進駐、學校實習低廉人力勞工…等措施，相對則逐漸取消對台灣業者的補助，甚至開始啟動經營限制，如：環境評估、勞工保險權益、商品的檢驗管控、營業稅率的恢復等等，讓台灣業者在中美貿易戰下，除了經營成本增加，更面臨大陸業者品牌的崛起。

所以許多財經雜誌專家紛紛警告，中國不是個獲利

> 301 條款及反傾銷關稅策略：美國利用法律條款以處分智慧財產與科技技術盜取，處以高額罰金及貿易制裁。

市場、而是充滿危機的，盡量不要涉入其中，這樣的論調資訊在這幾年充斥於媒體之中。

台灣業者過去經營中國市場的思維，就是希望利用其低廉的生產勞動力，但隨著這幾年，中國政府積極培育本土廠商，注重環境評核及勞工權益標準，低廉的生產成本早已成過去式，想要有所獲利就必須改變經營思維，也就是「策略動態流程創新理論」，重新配置、調整產業鏈，將市場消費者原本瞄準台灣內需或歐美通路，轉化反攻進中國本土市場，才能在廣大的低價市場中獲取利益。

就筆者觀察，其實有幾個步驟需要建構及調整，綜觀幾個在大陸經營有聲有色的產業及品牌，通常都善用了經營的策略優勢，現今中國雖然本土品牌在政府的鼓勵下大量崛起，但由於過於重視製造技術面，且過於強調商品的低廉性，經常陷入價格競賽，雖然學習到台灣業者的技術，但忘卻了台灣品牌的創立精神與宗旨，以及不斷技術改良的研發能力。

電商法：大陸於 2019 年 1 月 1 日起生效之法律。制定用以防止網拍（網路經營業者）非法在虛擬社群及數位通路上經營及銷售商品，藉此保障虛擬平台交易之間的合法性。

加上中國本土的消費者早已厭煩低廉無故事性的產品，所以每到歐美或鄰近的日本、韓國、泰國等地，都可以看到中國觀光客或批貨代購業者們，瘋狂的採購買貨，感覺似乎不用錢、深怕買不到的狀態；再加上中國今年（2020 年）元旦所公佈實施的電商法＊，讓非法未檢驗的廠商無法競爭生存，這個現況對於台灣業者來說都是相當寶貴的機會。而媒體所報導負向的狀態，大都只呈現出表面，想要獲利就必須利用「策略動態思維」深入熟悉市場，重新找出機會點攻入，而非輕言放棄一個龐大的市場。

進入中國市場必須維持企業策略的變動彈性，從幾個經營面向著手，著重無形通路、顧客情感、軟體資訊、技術面向等無形資產的流動，將產業維持住一定的優勢狀態，預防及保持產業的成長狀態，讓企業品牌的生命週期曲線不斷活化揚昇，不至於邁向衰退的命運曲線。

許多成功在中國經營獲利的品牌，大多採取了幾個方向，不斷地引進先進研發技術、創新產品，把持關鍵的製造技術、控制品管，即使需要委外生產，最核心的原物料技術也一定保留由總部管控。

此外，要讓廣大的當地消費市場認知熟悉，就必須應用當地的社群媒體與消費客群（粉絲受眾）接觸，其後再利用其媒體平台的力量開始進行推播、行銷曝光。經常性會使用以下方法：啟動會員線上註冊帳號送紅包，這是線上線下補貼合作的策略，也須利用微博直播主等 APP 系統平台強化曝光，其中除了宣導品牌精神及產品功能外，最重要的是必須擁有專家的關鍵角色。

比如就有知名台灣面膜品牌，公司負責人及主要經營幹部考取國際美妝證照，並在中國當地開設講座，讓消費者對於美妝及皮膚保養有更深入的暸解，使消費者除了購買產品外，更加知道為何選擇這個產品，是否適合自己的膚質狀態，如此一來就能獲取專家的發言權角色，徹底擺脫低價的消費競爭模式。

想要擴展市場通路，不可能一切都親力親為的展

店，這時「開放特許加盟品牌」就是一個很好的策略選擇。但許多品牌在開放加盟之後，卻走向衰亡之路，原因大都是異業結合大的品牌商，彼此只想藉機多角化經營獲利，並非想要一同努力經營品牌事業，只是圖個機會罷了！這樣的思維當然一遇到困難就會發生鳥獸散的狀況，屆時通路版圖就像沙中築樓般的一夕崩解坍塌。

於是乎，開放特許加盟的對象最好是小企業，小企業主有不可失敗的壓力重擔，並對於所加盟的產業有熱忱及了解，每個經營階段都積極輔導培訓，使其盡快吸收相關經營知識。一開始以標準化模式上市經營，不斷的共同教育吸收產業趨勢、經營新知，一段時日後，以合夥人的身份相互激盪研擬策略，才能讓企業品牌更加的接地氣、融入當地生活圈。唯有不斷的施行策略變動模式，才能讓企業抗拒衰老努力生存著。

C. 創業者不應該局限於買賣，放眼代理品牌之路（日本、泰國）

許多業者想到日本及泰國，大多是從網路賣家、實體中盤，或是親自觀光旅遊時將商品帶回台灣銷售；如果經營得當、稍具規模的業者，則是利用海外洽談拜訪、交換彼此通訊軟體系統，再利用當地的貨運貿易公司將商品運回台灣；更深入者則會運作社群電商平台，從事所謂代購、買空賣空的低成本經營方式。

但是除了上述的經營方式外，如想邁向品牌之路，

還有另一條路可以選擇，就是「品牌獨家代理」；利用獨家契約簽訂獲得單一市場品牌的經營授權，這是未來無論業者們想要自創商品還是通路品牌，一個非常重要的前哨過程及階段。尤其是獲得母公司品牌獨家區域市場或限定品項的獨家經營權，有了相關的操作經驗，才能在未來，無論獲得授權或釋出授權，都有前例經驗可參考模仿，同時也對於海外企業品牌經營、擴充市占率有極大的助益。

由於日本擁有世界市場認同的高品質及深度化的設計功能細節，加上本身為封閉型市場，海外的業者廠商想成為日本的合作夥伴相當不易，是故具有獨家代理授的優勢。

除日本市場之外，東亞區域的泰國也是一個優良的商品基地，歸咎其原因：泰國長年專注於強化文創設計教育，將設計導引至日常用品中，獨特之處在於故意不朝向全球化商品的一致性觀念，其設計發想元素，多擷取於當地歷史文化及政治，有別於鄰近先進國家多師承歐美，原物料方面，也大多利用當地生產素材，在文創設計領域別樹一格。同時，泰國的商品市場也因為本身國家擁有大量人口的勞力密集優勢，所以在製造端可以壓低成本、創造高的投報率，也就是擁有高 CP 值性價比。

>> 採購與代理的差異

如何找尋國外採購的貨源？可用上下游的廠商推薦，像是觀察競品或是同類種品牌，而在國外採購的部分，通常談到如何獲取商品貨源，無非就是爭搶代理權了！

搶代理權又分有兩大類狀況：

1. 對於目標市場（台灣）較新的商品，目前該商品並無獨家代理權的簽訂，因此在評估其具有經營價值後，即可向海外商品母公司提出企劃書，並與其洽談「獨家區域代理權」。若該商品／品牌同時有多家公司向母公司提出企劃欲與之洽談，則針對「獨家區域代理權」產生競爭者；發生此情況，則需透過自身的企劃書內容與經營能力去競爭，以獲取海外母公司的目光，最終以獲得「獨家區域代理權」為目標。

2. 對於目標市場（台灣）已有其他品牌、通路進行銷售之商品，此時需先調查了解：目前之通路是否已具有代理權，亦或者僅是批發買賣的配合方式。以這個情況看來，就表示除了自己公司外，其他公司也同時可跟國外品牌母公司洽談獲得此商品，因此就算買到熱門商品也沒得到獨佔的優勢，所以需特別強調簽訂「獨家區域代理權」，以確保不會在你公司擁有代理權這段期間，出現其他公司、店家來競爭。

獨家代理權通常是屬於地區性的代理權！如果取得的是台灣的代理權，即只能在台灣標榜為代理商。另外還有整合通路經銷商品牌，這個作法也是業界常用的方法，整合既有的商機，搶下代理權，讓原本四散的商機直接統合到自身身上。

因為許多通路經銷商業者，為了要維持商品的豐富度，對品牌及商品通常採取買賣批貨的方式，無法

量化洽談代理，所以自身事業體就能利用此點環境優勢，將市場成長及成熟期商品做整合、評估分析，取自己最有利基的品牌及品項，與海外代理授權國聯繫洽談，取得獨家代理權。

採購商品之選定及下單，當找尋好、挑選好商品後，便是要與國外品牌母公司進行洽談代理權了！我們挑商品、挑品牌，而國外品牌母公司也正在檢視我們公司是否有能力去代理、去經營。為了要讓國外品牌母公司看到公司的誠意、實力，並擁有搶到代理權的機會，基本上都會撰寫企劃書來吸引國外品牌母公司的目光，也讓國外品牌母公司有意願將品牌交給其進行代理。

>> 採購企劃書

那麼，一份完整、吸引人的企劃書需要有什麼樣的內容？而內容上又有哪些要注意的呢？

一份誘人的企劃書，首先要對於自身公司的簡介、品牌靈魂、歷史等資訊進行詳細説明，介紹中需注意，要按照不同國外公司的屬性差異去修改話術及策略重點，以增加合作的可能性；好比説，如果是德國公司較重視品質及服務、美國公司最在意的是金錢部分、而日本公司則看重雙方的合作關係。

同時也會在此段內容中，分析自身公司的客層定位、商品分類、營業額、通路分布與配置、競品分析，讓國外品牌母公司了解自身品牌特質，與品牌母公司的商品是否適合，是否進行代理，通路的數量、分布廣度都是國外品牌母公司最在意的部分。

接下來便是運用數據以及實例，來讓品牌母公司相信自己公司的市場實力，在此最重要的便是，提出往年有效的數據來佐證，通常會視情況放大，並以對方品牌定位來規劃放大的比例，且也經常以國內的採購買斷作為現有的代理品牌經驗。

接著繼續把公司若接下代理權，預計達到多少的營業額，以及預計達到多少的量體數量，內容即為營業目標。並要針對此代理品牌的形象包裝進行論述，其中包含品牌計畫、通路操作計畫等項目，好比說店頭裝潢、廣宣行銷等。最後則是未來的展望，內容尚包含雙方的未來合作關係、對品牌的中長程品牌計畫。

以上便是一份企畫書完整的架構，透過這樣的架構，以邏輯性的方式建立一份企畫書吸引對方母公司是相當重要的。

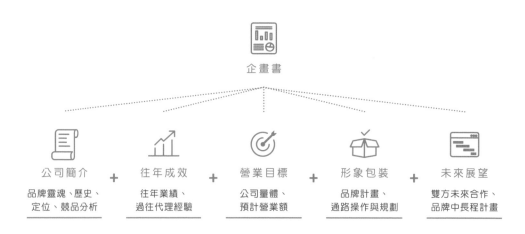

企畫書

公司簡介	＋	往年成效	＋	營業目標	＋	形象包裝	＋	未來展望
品牌靈魂、歷史、定位、競品分析		往年業績、過往代理經驗		公司量體、預計營業額		品牌計畫、通路操作與規劃		雙方未來合作、品牌中長程計畫

＊企劃書可參閱「經濟部中小企業處」網站：
https://www.moeasmea.gov.tw/ 之「青年創業及啟動金貸款創業貸款計畫書填寫範例」。

4-3
不能不知道的跨境國際
市場經營優勢

**A. 實體經濟受到衝擊，不可不作為的
面對與改變**

在新冠肺炎之後，各國許多政府財經主管機關，紛紛推出紓困與振興的方案，無非是希望國內的產業與消費力能夠有所提升，帶動整體產業經濟狀況，希望在這樣的作為下，降低疫情對於整體社會經濟層面的影響，同時能夠利用這筆救命錢的挹注活下去，不至於因為全球產業配置斷鏈的狀態，使商品無法完整供應，造成嚴重的短缺狀況。

另外各國政府也因為防疫，採取封鎖邊境及隔離的策略，讓消費者民眾無法聚集，而這些限制進而讓實體商圈店舖的經營式微，導致業績及市場的嚴重衰退。

目前，除了救助資金的發放外，各國央行也開始宣布降息，意圖讓民眾不再將資金存入銀行體系，而是用於市場消費，目的就是要將貨幣供給政策，從 M2 往 M1B* 穩定的面向兩端遊走；財政方面也大多以貨幣寬鬆策略，大量的發行該國貨幣，進而影響匯率，讓海外的消費者可以因為匯差，大量消費購買本國的產品。

這些作為看似都為了拯救市場，希望能夠在衰敗的經濟中幫產業獲得生計與轉換喘息的時間，等待著

M2 往 M1B：民眾逐漸將原本放在銀行的定存解除，把資金投入消費市場活用。

疫苗問世、等待著疫情結束。

但從事實面看來，許多傳統業者認為，只要學習了虛擬社群電商經營，就能夠擺脫經營困境；似乎所有的指數及財經資訊都告訴我們，無接觸的相關業者都能在疫情之中獲得廣大的消費需求，創造高成長的獲利，這樣的資訊讓政府及業者們看到希望，是故提出了實體店面零售業者轉型至大型電商平台上架的經營機制，並給予相關上架流程及商品文案拍照等訓練補助。然而，這樣的措施雖能暫時緩解營運危機，卻無法徹底改變終將衰退倒閉的本質。

台灣長久以來，由於處於各大國間的經濟衝突之地，大多採取保護主義策略，對於外來的競爭者都以高關稅或嚴格的檢驗機制加以限制進口，意圖保護國內產業廠商的生存；另外為了讓產業能夠順利經營，採取管控油電價格抗漲的方式，讓產業以較低的資源成本賺取價差，看似立意良善的措施，其實是讓產業喪失了危機意識及風險管理。

虛擬電商經營其實早在五年前，就已經開始衝擊實體市場，但是業者們因為處於政府的保護傘下，多少還有些許獲利可言，大多從事著低成本、低獲利的事業體，對於島外發生了什麼經濟變革或技術革新等相關資訊，鮮少關心在意，覺得離自己的產業好遠，若出了狀況有政府可以協助解決。

先前看過有部分農民在來年的作物種植規畫上，只端看去年哪幾種蔬果銷售的價格較高，就全部一窩蜂種植那些品種，未將商品市場的供需狀況也提前

列入評估，果不其然在來年採收之時，導致嚴重供過於求的可預期狀況，此時就開始以悲情攻勢，請求政府全面收購救救他們。從商業的角度來思考，完全是不負責任的經營行為，在這樣的思維邏輯之下，更談不上所謂的技術產能升級。

此處僅僅是以農產的生產狀況為例，而類似情況在台灣各個產業都不曾間斷地出現，這並非特定業種商業類別的特殊操作習慣，這樣的概念深植於台灣目前正在經營的多數業者之中，充斥著經營團隊，也是台灣產業大多數的經營者心態；是故政府的首要目標是培植協助轉型及升級，並非為不思轉型的經營業者給予紓困，只是暫延企業的死亡時間。

B. 全球化的重新思考配置，跨國轉移的利多

疫情讓國際產業鏈開始重新全球化配置，轉換為各區域的封閉型經濟導向，此次的教訓讓各國都發現，不能過度依賴單一區域的產能及原物料供給，必須將大多的核心關鍵技術保留在國內，當面臨不同區域的衝擊及風險變動時，才有可能應對。產業鏈的移轉是一個龐大工程，需要數年的時間，才能將產能完全的位移，並慢慢恢復到過去的經濟能量；所以就算疫情得到控制，全球經濟也已經千瘡百孔、極待復原。

反觀台灣這次疫情防治得當，但在全球經濟的衝擊下，我們位於精緻代工的樞紐地位，承接歐美品牌的訂單後，將例行性廠能發包中國工廠，再將半成品銷售回歐美市場，歐美及中國正當疫情嚴重之

際，台灣在未來的一年半載將會有許多產業面臨這樣的窘境，後續產業因為沒訂單，即便現在硬撐下來的產業，也有可能開始以無薪假，更甚至暫時歇業的手段來度過這次的經濟寒冬。

這樣的情況一旦產生，就無可避免地發生內需市場消費客群的收入短少，相對在消費上的金額運用會比較綁手綁腳，或者說是在消費的項目內容和價格中會出現更高的理性。是故對於各位創業者（賣家業者）來說，業績的增長已經難以預期，光是要維持就需要加倍投入，甚至可能發生投入卻回收不成正比的狀況。

如此一來，若僅將虛擬電商的主要火力完全集中於內需市場，單單認為將產業導向數位科技行銷的經營模式，就能得到高度的獲利及成長，就筆者來看，那可能就是對於國內的消費動能過於樂觀。

解決之道在於，除了國內的內需市場外，應該著重於海外跨境市場的移轉，利用虛擬社群及電子商務系統，讓海外市場看見台灣的精品及勞務，過去重度依賴於實體的展覽會議等公關活動，來達成外銷的經濟交易，當各國邊境交通封鎖，無法以群聚集市的方式運行時，就必須利用虛擬社群介面做多管道的曝光，將商品勞務出口藉以賺取外匯，如此才能有多重保障，避開單一經濟市場衰退的狀況。

除了正規的企業對企業 B2B 經營外，個人也能利用虛擬社群，與當地的業者或消費者產生連結，以當地雙向對口的貿易夥伴協助處理物流及金流代付代

收的問題，一樣以個人的微型創業模式，進行跨境移轉的經營，如此才有可能讓民眾及企業自己站起來，走向國際市場，讓商品及勞務經過全球市場的競爭，有了競爭才有改變的動能，升級及轉型才有可能實現。不然歷任的執政者已經喊了多年的產業升級，為何事到如今還有如此多的待援產業等待著紓困，數位電商虛擬交易不是救市的唯一，需思考將企業及個人導入跨國多國籍市場經營的必要性，才是真正的解決之道。

4-4
獲利的秘密：
突破世界各區域保護主義

A. 人流暫停，跨境交易商品物流不停歇

這次的新冠狀病毒（2019-nCoV）疫情，嚴重牽動全球的經濟產業鏈，過去世界各國及產業大多依賴區域商圈，許多國家將研發設計留置母國，將生產製造的功能移轉至中國及東南亞各地，彼此間貿易及跨國企業的相互依賴難以分割。這次疫情，中國成為嚴重的重災區，適逢春運上億人口跨省跨境的遷移，造成疫情迅速經由人與人之間的接觸擴散，中國率先因疫情從武漢開始封城，隨即後續封省。

俗稱擔當中國政治、經濟、生產、研發四大重鎮之北京、上海、廣州、深圳，亦稱為「北上廣深」，佔據中國 GDP30% 以上，至今已經封了廣州及深圳，意味著生產及研發重鎮停滯，上海及北京分別代表著政治決策及國際金融貿易也岌岌可危，事態若繼續下去，中國這個世界工廠等於按下了停止鍵，雖然中國希望穩定後開始復工，但後續工人的到職率及工廠產能的恢復，都是緩慢的，這一切顯然都是未知數。

除了產業鏈斷鏈外，各國商品產能貿易進出口受到嚴重的衝擊，短期間內企業製造端很難從中國移出，所以馬上面臨無貨可賣、無貨可出的窘境，產生了許多因為中國訂單停滯，無法履行交貨的狀況，衍發了國際採購交易糾紛。

許多高度依賴中國的跨國企業，面臨龐大的商業損失甚至倒閉，另外在消費市場方面，疫情前中國民眾是各國經濟內需市場重要的來源，中國前往海外的觀光客，也是各國的觀光重要支柱，這次的疫情讓許多國家禁止中國人入境及航班，也變相的阻隔切斷了經濟依存，沒有了中國觀光客，各國只能回歸於自身內需市場的消費機制。

但是隨著疫情的失控升溫，國內的消費者也不敢出門消費，管制入境、禁止航班首先衝擊的是航空船運及運輸業，再來就是旅行社等觀光產業，沒有觀光客就會影響國內海外觀光消費，百貨零售業及服務業亦受到嚴重的衝擊，整個店家及商圈空蕩蕩幾乎沒有消費者，因為大家害怕群聚、害怕感染。

商圈商機就是希望群聚、希望人群靠攏，與防疫的理念恰巧相反，實體傳產通路業者除了產品來源斷鏈外，接觸消費者的通路也受到嚴峻的考驗，雖然部分企業恰巧在這樣的時機點得到了重視，例如：餐飲的外送服務，產生了空前的爆單狀態，業績好的不得了，另外就是消毒防疫等生技醫療產業，再來就是線上網拍業者，因為不用群聚及空間，消費者又想消費，所以更加利用虛擬網路購物。

當許多產業哀嚎的同時，卻有部分產業逆勢成長，賺錢的這些產業擁有了一個共同特點，即都是利用虛擬 APP 程式獲取訂單，減少人與人實際接觸的機會，跳脫了時間及空間的界線限制，虛擬電商行銷在現今已經是企業必須的技能及通路工具，無法再仰賴商圈及聚集等效應獲取業績單量。

B. 轉型不能逃避，跟上趨勢才有下一次 獲利的機會

中國這個世界工廠的封城斷鏈，也讓許多企業開始思考獲利結構的核心點：是否仍繼續以低成本的思維延續獲利？對於中國製造的依存度？此次事件讓各國經濟政策遇到空前的衝擊，逼迫各國及企業在疫情風暴下勢必做出盤整，研發高科技投資、數位科技經營及產業鏈多元化，都是當前企業所必須快速植入的因子，也將眼光從中國製造轉換到自己國內企業的產能供應，不再過度依賴某一國家的經濟占比。

根本之道就是鼓勵創業，並讓中小企業升級，不再以製造代工為核心獲利源，而是向上游研發端及下游通路區塊移轉，產業的投資再造升級，政府應該放棄過去過度保護主義策略，讓不思突破的產業在市場中自然淘汰，強化體質優良及新創產業的能量資源挹注，如果再不加緊啟動起來，隨後遇見的就是企業開始放無薪假，再支撐不住就直接倒閉，失業率就會攀升，失業率一旦高，就會嚴重衝擊內需市場，內需消費經濟不再流動，等於按下可怕的暫停鍵。

疫情憑藉著人類的智慧及世界的努力，終究會有平穩的一天，過去被封閉的經濟內需市場，因為停滯後會產生爆炸性的物資需求效益，當疫情轉換成區域市場之後，又會因為需求量的供給，逐漸邁向全球跨國經濟循環，在市場甦醒的同時，產業的升級及多元化經營、數位虛擬科技、跨國資源鏈整合，將是後續企業能夠延展生存的機會。

消費經濟市場的需求不會隨疫情而消失，只是暫時被壓抑了下來，目前的經濟指數崩壞，各國後續一定會策略面加碼投資，帶動經濟及產業成長，若當機會到的時候，再去思考要如何加大產能、改變經營方向，就為時已晚。

多國籍企業及跨國資源整合，是可以在某一單一區塊遇到狀況時，隨時調整及移轉，以免陷入原物料及產能製造突然的短缺狀況，在這次的疫情當中，許多產業為了中國短缺原物料或製造問題，被迫歇業，網路上很多業者因為貨源大多來自中國，因此出不了貨、訂單被取消甚至有交易糾紛，疫情強迫每個國家及企業正視正在改變中的市場趨勢，誰能趕緊趕上趨勢變革，誰就能渡過風暴，甚至在未來市場中獲利。

Chapter

5

業績無上限，想要更好你就要⋯⋯

5-1
經營數據藏著
沒賺到錢的秘密

A. 許多業者忽略的重要關鍵：數盲

在經營時，數據是最為重要的關鍵，更是企業存活的基礎命脈。對於經營相關的成本定價、獲利狀況、損益平衡⋯，如果不夠深入瞭解與解讀，就會造成「數盲」的狀況；更甚若未來策略擬定都是「憑感覺」，如同無頭蒼蠅一般，這種情況對於企業是相當危險的。除了這些數字方面的參考憑據之外，國際財經指數也是數據策略的重要參考要素。

>> 資訊不對稱法則

許多人在採買商品時，都會希望有殺價的空間，因此對於賣家所開立出來的價格，往往採取不信任原則，非要砍一下價格，才能感覺到保障了自身的買賣權益；這在經濟學理論的市場價格機制中，是時常會出現的狀態，也就是所謂的「資訊不對稱」。

「資訊不對稱」法則？即為買賣雙方彼此在議價時，對於對方資訊的了解有失衡的狀態。

例如：買賣房地產時，賣方會先開出高於市場行情許多的價格，並僅強調自身房產商品的優勢、隱匿部分缺失，讓買方在判斷上產生錯誤，誤認為賣方的價格是合理的行情價位。雖然政府努力希望市場買賣雙方的資訊盡量公開透明、實價登錄，讓購買者在考慮各區域房產時有所參考，並提出合理的價

格帶，也推出所謂交易成功時必須曝光其交易金額的實價登錄政策，這樣的美意政策的確有幫助到部份買賣交易的透明化，但制度是人所制定的，一定無法完美，其中必有投機的空間，慣用的操作手法就是假交易，連結當地區賣方，請親朋好友高價購入房產，是故實價登錄的價格就會被拉升，買方若只相信實價登錄的資訊就會誤以為這就是當地區域的行情價，進而確認交易。這樣的案例就是典型的不對稱定價策略的交易結果。

>> 定價的先決思考

業者在制定價格時，一般會考量的因素非常多元及複雜，對內必須先行檢視財務損益表，了解購買製造商品勞務的直接成本及費用，並估算營業額、直接成本、費用人事及租金、稅前淨利、稅後淨利等因素，來調控適當營運的比例分配。

另外，對於商品勞務的受眾消費者是誰？通常會採取人口分析法，分別將性別、年齡、學歷、職業、收入、家庭狀況、宗教、居住區域、購買習慣⋯等資料，加以交叉分析，以期找出最適合品牌本身的消費者族群。

對外則須評估整體產業狀態，及國內外市場的經濟狀態、政經關係影響等等，需評估的經濟元素如：GDP 國民生產毛額、CPI 物價指數、央行利息 I 的變動率、匯率政策、貨幣供給率⋯，其中最常判別的，就是匯率及央行利息指標。

若一個國家採取「貨幣寬鬆策略」，讓自身匯率下

國內央行Ｉ指數：由各國中央銀行所規定及公布的利息基準點。

降，很明顯的就是希望藉由海外投資及觀光客到來，並帶動內需不振的經濟；「國內央行Ｉ指數」*一直維持低利息狀態，就是鼓勵銀行增加借貸融資，鼓勵大家借錢消費投資並且不要儲蓄，也就是希望消費者能多多購物，刺激消費、帶動市場循環。

「貨幣供給策略信號」也是重要的價格制定參考，分別為 M1、M1A、M2 三項，分別代表不同的市場面向。

「M1」：即市場熱錢充斥，通常需求大於供給，所以業者可以高價賣出，當這狀況一直持續下去、不加以管制，就會發生通貨膨脹。

「M1A」：代表市場雖有熱錢，但銀行也擁有許多金流存款，市場相對是穩定持平的狀態，供給等同於需求，所以價格以穩定為主。

「M2」：近來財經政府機關及財報相關媒體都指出，台灣已經連續出現「M2」的市場狀態，意味著民眾多把錢定存進銀行，對於未來經濟及市場採取悲觀態度，所以會衍伸出內需不振，短期間供給大於需求，會產生激烈的價格戰。若無適度控制，長久下去就會發生因為營收不足，產業陸續倒閉移出，進而大量裁員，一經裁員就更無法消費，價格也就無法拉升，陷於低價的惡性逆流經濟中。

這時大概就只能採取「貨幣寬鬆策略」降低匯率，藉以期望吸引大量的海外觀光客來帶動疲乏的內需市場，雖然短期間產業看似有了活水生機，但長久

下來，民生物資大多被海外觀客掠奪殆盡，本國人民的資產及物資相對縮水，進而發生恐怖的通縮狀態，沒錢購物也沒有充足的物質資源，這時就會發生國家動盪極嚴重的社會治安問題。

貨幣供給策略信號			
分級	M1	M1A	M2
市場狀況	市場熱錢充斥，通常需求大於供給，所以業者可以高價賣出	市場雖有熱錢，但銀行也擁有許多金流存款，市場相對穩定持平，供給等同需求，價格以穩定為主	民眾大多把錢定存進銀行，對於未來經濟及市場採取悲觀態度，內需不振，短期間供給大於需求，產生激烈的價格戰
造成結果	不加以管制，就會發生通貨膨脹		若無適度控制，會發生因營收不足，產業陸續倒閉、裁員，一經裁員就更無法消費，價格也就無法拉升，陷於低價的惡性逆流經濟中

B. 資訊不對稱，帶來價格不對稱的消費市場

許多業者在海外採買、購物議價時，會經常遇到不對稱資訊策略的影響。以亞洲市場為例：日本的價格策略屬於公開透明，原因是日本的大盤、中盤批發業者，只願意將商品賣給公司法人單位，並且要求須有實體店面經營，這樣一來，大家所付出的營運經營成本相當龐大，所以沒有業者敢任意降價來擾亂市場。日本市場對虛擬電商通路相當排斥，認為虛擬電商是穩定價格的最大殺手。

影響價格售價因素很多，需有多方面的了解才能掌握獲利空間。

相反的，泰國及大陸市場就非常善用資訊不對稱定價，主要原因是，因為沒有確認販售的主核心目標受眾，所以交易時會發生資格身份的錯亂，有時是個人來買、也有時是業者廠商來批發看樣，故常有

很多業者在當地區域交易時，冀望有統一的標準售價跟參考，但在現實市場的運作下是無法有標準答案的，因為資訊的不對稱就是知己不知彼，如同一場競合及賭博遊戲，端看如何掌握自身最佳機會點及對方的弱勢進攻，找出對方想要合作的契機點，比如讓對方認為是龐大利基的潛力股，或掌握對方有資金及庫存等壓力，都是談判議價的籌碼跟契機，也是不對稱定價市場有趣及迷人之處。

某些知名媒體在公眾平台發表了中國、韓國、台灣產業鏈下的價格變遷一文，引發網友及業者不少爭議及論戰，許多人看到這則訊息，紛紛表示服飾業者們「非常過份」、「賺很大」，不再信任業者們的價格跟說法了；業內的業者紛紛搖頭，事實真的是如此嗎？

在產業鏈的結構裡分為上、中、下游；上游端為原物料及製造，通常因為人力成本及環保等問題，大多在開發中國家進行，中端角色為品牌營運管理及行銷市場等事務，下游端為通路，即為如何接觸到客戶消費者的第一線。當然所有產品經過這條產業鏈，每個階段的業者都要獲利乃是天經地義的事，但至於增添多少，則是看消費市場的供需價值曲線來衡量評估。

韓國政府對於服飾時尚產業不遺餘力，努力以國家團隊的力量來推廣這個產業，同時結合影視觀光，成功讓韓國成為時尚之都，有亞洲的米蘭之稱；亞洲各地的買家業者紛紛都到韓國來朝聖及採買，韓國成為時尚流行的指標。如此龐大的市場需求量，

韓國國內的生產力不勝負荷，加上韓國社會受儒家思想很大的影響，於是在時尚的產業鏈之中，只願意擔任設計及開發的定位角色，對於製造及縫製等勞務工作，現代年輕人幾乎都不願投入。

那麼筆者試問，韓國東大門一週需生產供給千款、約十幾萬件的商品，可有辦法在韓國當地全數完成？現實面上來看，在東大門少數的製程加工廠是無法負擔的，因此將許多生產線移至中國廣東東莞虎門一帶，東莞、虎門成為日本、韓國最大的服飾製造地，由於品質優良，所以許多業者直接跑到東莞、虎門去下單採購，甚至自行設計開發製造，是服飾設計師的最佳後勤基地。

C. 終端商品定價邏輯（服飾業為例）

服飾業者在定價時，通常是以「成本定價」之方式回推實際銷售價格，除非自己的品牌或商品已經廣受好評、極具知名度、或是採取限量精品，才有可能以「期望定價法」來制定商品價格。

在服飾業界最常聽到就是「倍率」，也就是以採買進來的成本做為基數，乘上倍率後，就等於實際銷售價格，而倍率的乘數皆已涵蓋了費用的部分，所有的費用幾乎都攤提附加在倍率之中。

採買成本 × 倍率 ＝ 實際銷售價格

在此創業者們必須知道定價的基本名稱及用法：「批價」為批發廠商給予服飾業者商品的成本價格，也就是業者買貨時的商品直接成本；「零售價」則是觀光客或散客的價錢；「牌價」意謂顯示於商品吊卡上，原本未有任何折扣的交易價格；「售價」是實際賣給消費者及客戶的價錢，通常皆經過折扣及殺價過程後，最後賣出的價格；「倍率」為服飾業者採買的成本價 × 倍率後，為消費者所能接受的實際售價。

平均折數一般而言，同一類型商品不會在同一折扣賣出，必須記錄核算出每一單款商品，客戶大多能接受的折扣區間落在哪個位置？藉此換算回推牌價，簡單而言，也就是讓客戶購買商品時，還是有享受到殺價的快感及空間，但實際上對於成本及營運絲毫沒有影響，仍然賺進大把鈔票。

｜ 定價的名稱 ｜

批價	零售價	牌價	售價	倍率
批發廠商給服飾業者商品的成本價格，即業者買貨時的商品直接成本	賣給觀光客或散客的價錢	顯示於商品吊卡上，未有任何折扣的交易價格	實際賣給消費者及客戶的價錢，通常為經過折扣及殺價過程後，最後賣出的價格	服飾業者採買的成本價×倍率後，為消費者所能接受的實際售價

>> 韓國的定價倍率

韓國東大門區域批貨之定倍率通常為 3 倍，所以採買的款式要較有把握能實際賣出的售價，已包含成交價格、人事、運輸等所有成本，若無把握賣到

此價格，就有可能所採購到的商品成本已經高過預期，若還是批了下來，就變成損失掉部分自己的利潤空間。

知道了售價後，可以判斷一下大部分的客人針對這類型的款式，會希望有幾折的折扣空間；如上述，假設一款 T 恤，客人平均較能接受再打 7 折才會買，我們就利用此心理回推牌價，也就是吊卡價格。用此公式反推即為，牌價＝售價 ÷ 平均折數。韓國的定價倍率相對簡單，其中的變異因素比較少。

即使都在同一個批貨市場採購也需要注意商品的質量等問題，針對其訂價倍率與獲利空間影響甚巨。

>> 中國的定價倍率

如直接進入中國的批貨市場尋找商品，則因為其變化因素較多，不同的影響因子組合之下會有多種的定價倍率；在進入中國的批貨市場之前，創業者須先了解：「檔口」即為台灣業者俗稱在商城內的服飾專櫃及店家，大部分是賣貨給大陸內需服飾品牌及亞洲地區海外批發客。

Δ 有車標的服飾：實際上與非工廠大量產製無標大貨不同，以成本上來說，會增加標示的製作等相關成本。→售價倍率＝抓成本的 5~6 倍

Δ 無標大貨的服飾：若想直接前往購買到此類商品，其在檔口的採購量需達到足夠量體，通常基本量需要同款達百件以上。→售價倍率＝抓成本的 6~7 倍

Δ 追求價格低價的服飾：如欲購買此類型的商品需有心理準備，可能會拿到部分瑕疵的狀況；商品貨源通常直接來自於工廠，其銷售方法為整包秤斤論

兩的做法，因無法驗貨，則定倍率可高達約 10 倍
（含以上），許多路邊攤商就可能多是以此管道進
貨採買。→售價倍率＝成本的 10 倍（含以上）

>> 中國是日韓歐美的商品基地

以上三種的商品狀況皆以已製成的商品為主，但若
想要自行進行設計、開發、製造，也是可以在中國
的批發市場來完成的，以下以中國虎門的工廠承接
日本、韓國的訂單為例。

外國（日本、韓國）的商家送來訂單時，獲取日韓
的設計及打版圖的工廠會聯繫布料及副料配件廠
商，之後便在樣衣製作完成後，同步舉辦展示會，
供虎門商城內的中大盤檔口下單、同步製作。這時
如向檔口下單採買製作，最小值為每款 20~30 件為
單位，但批貨單價會較工廠高；若直接找工廠下單
製作，最小值為 100 ～ 300 件的產製數量。

筆者自己依經營韓中市場、從事服飾產業及教育約
20 年的經驗所彙整出來的相關資訊，對於部分媒體
所揭露出來的韓國、中國市場資訊有所爭議，在訊
息多元及爆炸的時代，何者為真、何者為偽，就必
須靠各位業者深入自行體驗來驗證了。所以想要經
營事業，就必須徹底了解損益數據分析，才能真實
賺錢獲利。

5-2
越做越好
需要繳稅嗎？

A. 稅務監督政策與海外購物風險

利用虛擬社群代購的經營模式，一開始雖然能暫時以個人方式經營，但後續如果成為零售及中盤商角色，甚至成立品牌，就必須繳納政府相關的規費及稅務。

疫情的嚴峻帶動了許多無接觸、無人群等產業的興盛，但是對於原本重度依賴商圈、集市等傳統交易模式，無疑是一個重大的變革，許多產業無論是觀光、航空運輸、服務業、零售百貨、餐飲等等，無不大幅的衰退待援，各國政府亦紛紛端出許多紓困與振興的牛肉方案，就是希望產業能夠維持生存活下去，渡過這次比經濟大蕭條還嚴重的經濟海嘯。

政府很清楚知道，只是補助薪資讓企業活著，不足以解決當前的問題，畢竟紓困只是暫時性維持產業生命的工具，一定要產業升級，才能讓企業脫離保護傘的呼吸器，開始朝向新的市場或國際交易趨勢；虛擬社群行銷、數位科技、跨國交易移轉都是整個政府輔導系統的關鍵。

但產業逐漸升級之後，就不再是過去實體通路交易市場模式，政府本身扮演著輔導轉型，同時也肩負各項法令的監察督核角色。

>> 海外購物 EZWAY 實名制

在疫情之前，政府著重於登記有案的公司及行號等營利組織，對於海外進出口交易業務，也將重心放在品牌貿易代理企業，對於報關、航運、保險、檢驗許可…等竭盡心力控管，但相較於個人海外郵寄、快遞、海空運集貨等等，為了便民就較少出手干預，大多是交易糾紛舉報才會被關注輔導。

中國的淘寶、阿里巴巴等大型跨境平台，徹底改變了現有的交易市場，也嚴重衝擊壓縮了傳統實體產業的生存空間，這次的疫情讓待解決的狀態更為嚴重地浮上檯面，讓主政者清楚的知道，想要救市，相關財政首長就必須出手干預。

近期海關部門首先發難，凡是個人從海外買進商品，都必須登入下載易利委 EZ WAY 實名認證，若民眾未下載配合，將會收不到所採買的商品，這是管控跨境海外買賣的初步管制，這樣政府就能確實掌握購買者的真實姓名，追蹤所採買的物件價值，是否有符合個人免關稅的稅額。

政府將監管力道介入了海外購物的部分，台灣許多業者都受到一定程度的衝擊，因為台灣業者有許多商品進貨都是購自中國的淘寶等平台，當然相當容易就超出政府的限制額度；另外，若與其他單位橫向合作，如：國稅單位及衛福部等彼此串聯勾稽，就能檢核商品的合法性及安全。

除了目前的易利委 EZ WAY 實名認證的作法外，主管機關亦開始要求大型電商交易平台，如：蝦皮及

淘寶，無論買賣雙方都必須實名制，這樣幾乎所有來路不明及瑕疵不法的商品都無所遁形，如此才能矯正市場的假貨風氣。

過往的網路虛擬交易因為沒有實名制，很多賣家以（中國製的）偽貨，打著工廠直銷直營、看似合理的說法，是故價格為正價品牌的不到 20%，在海外跨境電商中，這樣的事件層出不窮，蒙蔽的消費市場造成價格的混亂。同一種商品品牌，在不同通路及進貨管道，卻有著多種價位的差異，讓市場的競爭處於不公正、不公義的起跑點上，這是過去政府對於市場電商化的不熟悉，所導致劣幣驅逐良幣的後果。

B. 海外跨境與虛擬整合創造永續經營

中國政府於 2019 年 1 月開始施行電商法，目的就是要救贖瀕臨崩壞式倒閉的實體合法業者們，規範及定義了虛擬電商經營的模式。法條中指出，想要在中國利用虛擬社群或在大型電商及官網經營，就必須設立公司、成立稅務單位，另外商品必須經過中國相關負責當局檢測合格通過，商品在銷售的標示及說明書中，必須明載進出口負責公司及廠商、製造地及有效期限、商品的成分組合等缺一不可。代表海外電商交易模式因不在中國政府的管控當中，造成國內經濟嚴重的損害與缺口。

反觀台灣今年（2020 年）才開始重視相關的危機，況且還是因為疫情的嚴峻所催化出來，發現了龐大的稅收缺口。台灣的法令並非不完備，而是所管理

的單位機關各不相同，政府單位之間亦沒有相關的勾稽機制，使得業者們有許多的協議漏洞及空間。無接觸產業已經是這次疫情的龐大機會與商機，大中小企業受到衝擊、紛紛轉型之際，個體戶扮演著重要的經濟角色，個人微型創業（微商）的崛起已經是近來的趨勢。

對於個人微型創業的創業者而言，如何取得海外跨境資源、簽約合作海外貿易夥伴，利用虛擬社群成功打進各國各層級的消費族群，便是相當重要的關鍵。透過數位社群的串聯，在虛擬的世界中一樣能國際全球化，不受到保護策略的影響，成功的讓商品及勞務無國界銷售，賺取外匯進而帶動刺激國內的內需經濟。

業者們產業升級、提升數位科技，利用虛擬社群行銷拓展至全球各地市場，政府在輔助轉型之際，也要積極消弭市場的不公平競爭，致力於電商專法的串聯，整合跨部門合作，相互分享訊息及勾稽輔導業者，如此市場才能在同一個競爭水平之中，消費者才能有所保障，否則法條的相關宗旨都幾乎在虛擬電商世界中，就只是口號般的唱著高調，幾乎礙難實施。

合法正規的業者能夠受到法條及相關單位的保障，才有能力照顧聘請更多的員工，並且有能力成功銷售獲利，企業獲利才能繳交稅收，不再受政府紓困照顧，也不需一直利用保護策略照顧著原本就應該被淘汰的產業業者；保護主義下的經濟政策，只會讓產業越來越沒競爭力，越不想吸收新的市場資訊

來做預測改變，只想像嬰兒般嗷嗷待哺，這樣的企業組織對於國家社會的整體競爭力相對不是加分，而是徹底的扣分。

海外跨境實名制，是政府開始端正、管控市場的開端，讓業者們能夠合法的經營納稅，不再被平行輸入非管控的個體業者所衝擊影響。

5-3
進行微型創業會面臨的
法律風險

A. 商品買賣的銷售契約與智慧財產權問題

商品買賣交易會先簽立（口頭也算）買賣契約，來確立雙方彼此的權利保障，另外需注意是否有仿冒、商標及創意等問題。

個人微型創業所面臨的就是一連串的契約問題，尤其以買賣及勞務契約為主要內容，其中經常性接觸到的問題層面，是關於人事時地物的組合，契約的對象、簽訂契約的內容等要點。

>> 批發 vs 代理

其中最容易發生誤會的重點為：批發買賣及代理權的混淆。

若僅是商品批發買賣，則只能進行商品販售，不可刊登廣告；若擁有代理權，在商品販售外亦可能有商標的運用。容易發生此問題的是批貨買賣，批貨僅有商品所有權，因此如果使用了商標則很有可能觸法。

買賣及勞務契約主體內容：第一環為簽約對象的合法性，在簽約及洽談代理權之前，須找到品牌的源頭，並由品牌源頭公司自行去進行代理權之洽談，一定要弄清楚代理對象公司的合法性。

需要在洽談中討論到的內容則為：代理商品的品質、操作的順序（有看貨、工廠生產樣、說明約定規格），除此之外，品牌商標以及進行商品數量與價格條的名目列清，接著便是包裝樣式的條件，以及標誌說明應包含的內容，船運商品運送方式及其保險條件的確立，需論及交貨條件、運送方法、交貨地點、交貨時間、交貨順序；通常從簽約到交貨會有幾個月的時間，最後為付款條件。

>> 專利 vs 智慧財產權

為了釐清責任以及自保，契約不得違反專利權以及智慧財產權等相關法令，若發生相關爭議時，影響因素歸責於對方，並且商品瑕疵、商品遺失處理問題，亦需要說明清楚彼此的責任範圍、契約糾紛索賠及附帶條件。

通常糾紛索賠的期限為到貨後幾天內需提出通知，這部分也可以在契約中載明：限定商品到貨後幾天內，須提出商品瑕疵賠償，逾期則有所爭議、亦可能無效；若未明確表明天數，則有可能發生時效已久才進行索賠的爭議，亦須在期限內發出索賠通知給對方公司，此通知最好針對雙方公司進行糾紛宣告方成立。並且在進行索賠時，除須在期限內進行宣告外，亦需要官方的證明文件來進行佐證，並提及賠償給付的方法。

若進行前端索賠等糾紛處理不順利，就須進行後續的仲裁、法院審理等手段。所謂仲裁就是調解，其強制力不高，又有法律根據地與仲裁地點的問題需討論，仲裁若仍無效，就會走向法院審理，亦須討

論其法律根據地以及審理地點；假設皆未在契約中標示，則會以被告的負責事項為依據，若為日本品牌，製造地為日本，台灣為其銷售通路，則製造問題以日本法院審理，通路問題以台灣法院為審理。

附帶條件包含：檢驗條款、法律適用地、輸出與輸入許可證，還有出、入關的雙方稅務分攤，以及彼此責任歸屬。

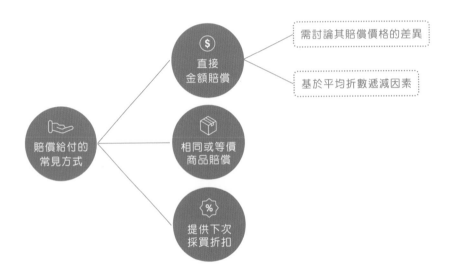

契約成立需有以下要點：對照合法性，及雙方皆需具備合法的身分權。接下來要確定是否雙向合意，按照雙方所合意之成立方式進行合約成立，約定內容適法性。契約成立方式通常分有兩種：要式、非要式。

📖 ｜要式契約｜

需經雙方指定形式用印才能成立。一般會採用要式契約，交易雙方公司須經由公司主管以要式契約簽

核此契約後生效，代理契約通常會直接將要式契約的要求寫在契約之中，以避免雙方發生爭議，契約成立需經由指定形式用印，方得成立。

📖 ｜非要式契約｜

不限文本形式，如：mail、line、簡訊等皆可。因為雙方合意，不限文本形式即算合意，此一契約形式空間太大，對於買、賣雙方都須再尋求進一步的保障。

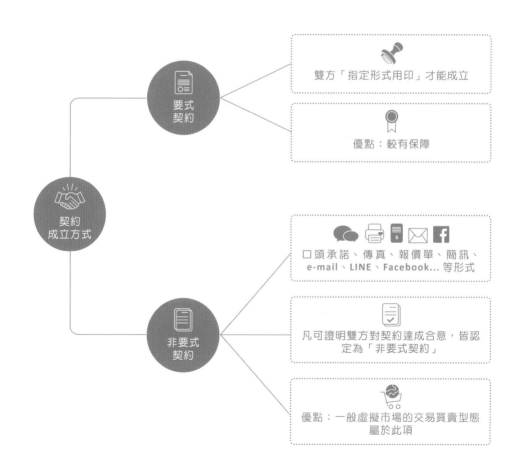

「約定內容適法性」，則是指契約中合法以及不合法的部分，針對合法的部分需要接受，不合法的部分則有討論發揮的空間，雙方皆有權主張接受部分或全部的合約內容。

買賣雙方進行要約報價後，即表示雙方債權成立，不得任意反悔了，並在賣方將貨品交付給買方之時，其瑕疵責任便轉嫁歸責給買方，之後只要買方將相等價金支付給賣方，此後雙方的買賣手續即完成，賣方有權要求除未付款之尾款外，再另行支付利息賠償。

消費者保護法中的特種買賣*，也經常是用於此銷售類型！消費者保護法中言，特種買賣擁有 7 天鑑賞期，但鑑賞期不等同於使用期，因此使用後不能進行退貨；但是目前消費者保護法中，也開始針對食品、內著物、有效時期、機票、演唱會、旅遊卷等商品及勞務，進行行政命令的細目規範，讓商品及勞務的採購者無權主張鑑賞期的權利。

在目前當紅的電商虛擬平台問題上，亦不一定適用於消保法及民法，若在台灣本地沒有事業登記，便不適用消保法，IP 位置未立於台灣即不適用民法；這就是為何跨境虛擬通路平台發生如此多詐騙爭議的原因。因為消保法有明確規定，通路及廠商都須對所銷售的商品或勞務，付出連帶保證責任，藉以要求通路也能幫消費者把關，但跨境海外電商通路平台幾乎不受到這樣的約束，在司法求償及偵辦上增添了許多的難度。

特種買賣：指一般買賣外，在內容及效力上有特別的型態及議定，即為特種買賣（如人員直銷、電視購物⋯）。

現今智慧財產權及商標登記的保護觀念更受到注重，所以許多店商業者在不經意間就誤觸了相關法令，較多爭議的為擅用他人品牌照片及廣告文宣，若該品牌有在台灣商標登記註冊，那麼就連有出現該品牌商標的產品都不能在自己的通路平台銷售，對於相關的法令知識及風險，不可不更加瞭解及謹慎。許多業者因先前不知道這些相關的法令規範，等到經營相當一段時間才知道已經誤觸法網規定，讓過去的努力成為泡影。

B. 電商經營下的法律議題：各國電商法的出現

近幾年來的經濟市場走向了電商時代；由於互聯網的興起，幾乎人人都有智慧型手機，並且藉由社群平台拉近彼此通訊的距離，不需要再等候，幾乎同步即時交流，這樣的科技上市後，著實改變了整個生活及商業市場型態。業者們無不想盡辦法開發 APP 程式，或是利用 Facebook 臉書的直播功能、推播廣告投放等方式，目的就是要接觸吸引到消費者的目光。是故隨之發生的問題，就是消費習慣的徹底被顛覆，以往習慣逛街消費的人潮不再，單單仰仗實體店面經營的業者，獲利與績效大幅下滑，商圈店家無法負荷高成本租金，紛紛倒閉關門，或者是結束實體經營，轉向到電商的世界。

過去的媒體是需有龐大組織資金才能擁有，想要成為鎂光燈的焦點，除非是知名藝人、新聞報導、賢達顯貴等，而社群媒體完全打破了這樣的規則，只要有特色、夠專業，人人都有機會一夕間變成家喻戶曉的人物。此外，藉由社群平台來創造個人自媒

體的高度聲量，相對不需要什麼成本，就能成功吸引到觀眾的目光，創建自身發聲的舞台。

由於電商跟社群平台的崛起，讓許多人及業者找到機會，將自己的興趣或學科專長，甚至是旅遊、美食等等心得，藉由自己習慣常用的平台介面分享出去，讓消費客群（粉絲受眾）都有機會接觸到，久了之後，由於一開始並沒有利益關係，很快地獲得觀眾的熟悉與信任，慢慢從單純的分享開始走向代購勞務或是交易商品的型態。

正因為了解自己的消費客群（粉絲受眾），所以可以有效地掌握住觀眾們的需求、喜好文案及素材，很快地就轉身變成個體經營者，也代為批發給小盤業者，這是一個低成本、高獲利的型態。

除了本業商品品牌之外，社群媒體的曝光也帶來了其他多元的效益收入，例如：品牌廠商的廣告業配，直接成為某品牌的代言人，或是 YouTube 等平台的訂閱量分潤，都可以將流量變成現金鈔票，給予了許多素人龐大的機會跟收入，所以電商行銷自媒體幾乎成為一股風潮，人人都在學習，希望藉由這樣的風潮翻轉人生。

然而為何陣亡率如此之高，就是因為先前的行銷規劃不足，對想投入的勞務產業也不甚了解，對於社群的介面操作演算及電商廣告的查核機制都不熟悉，往往一味地將商品勞務推向觀眾，忘卻了事前的信任過程建構，所以真正成功的比例少之又少。

市場經濟體的轉變讓許多人靠著手機，開啟了互聯網的事業體，並且跨出了時空的限制，全世界幾乎都是自身的貨倉，也能廣泛的跨區域接觸觀眾將自身曝光，但在這樣的狀況下，區域政府的管控力顯得相當薄弱，並且無論法條及行政相關規範，都顯得非常不足，無法順應管控稽核當今的電商市場。

這樣的狀態變成了合法的業者無法生存，不依法令規範的個體經營者反而獲利。另外因為個體戶利用電商不需要什麼成本，也不遵守法規相關規定，例如不設立營利事業單位、不開立發票、不繳任何稅務關稅，所銷售買賣的商品其成份、品質完全不需送檢核，因此所銷售的價格幾乎是成本低價出售，完全破壞市場合理利潤的價格機制，讓合法設立的公司品牌業者的生存空間被壓縮殆盡。

這是一個無論政府、廠商、消費者皆三輸的局面，使得合法廠商業者無法在健康公正的市場經濟環境中經營，政府的關稅、營業及所得相關稅收大幅減少，另外消費者對於交易買賣的風險、健康、安全，幾乎完全處在一個無政府狀態，是故政府須針對電商經營趕緊立法，希冀來監督檢核相關未登記合法銷售的業者，用以保障合法廠商及消費者的權益，也是終結經濟市場亂象的手段。

>> 中國電商法的規範

這樣的狀態也在對岸發生，個人微型創業廠商利用微博、直播、WeChat 微信，做起海外代購生意，藉著去國外旅遊之際，直接在賣場直播或拍照，讓國內客戶大量預定商品，將消費者所訂購的商品，

再以跑單幫、郵寄、國際快遞、個人集貨貨運等方式送回國，另外藉由淘寶、京東、阿里巴巴等網路介面平台賣給海外客戶，這樣的交易模式完全在買賣法治規範外脫序演出。因為這樣的經營方式，對於中國政府（賣方所在地的政府）及進口買方國家而言，完全收不到相關稅收，在產品品質及交易的誠信上也衍發出許多爭議，是故大陸當局於2020年1月1日公佈了《中華人民共和國電子商務法》。

其內容主要分為七章節：總則、電子商務經營者一般規定、電子商務平台經營者、電子商務合同的訂立與履行、電子商務爭議解決、電子商務促進、法律責任、附則。

於這些條文中，讓中國非合法的代購業者最為頭痛、無法經營的法條為，「第二十七條 電子商務平台經營者應當要求申請進入平台銷售商品或者提供服務的經營者提交其身份、地址、聯繫方式、行政許可等真實信息，進行核驗、登記，建立登記檔案，並定期核驗更新。」簡單來看也就是說，想要在虛擬電商社群平台通路經營，就必須合法設立公司，同時商品上架前必須檢驗通過，如此一來幾乎在法律政府的管控之下，勢必商品的成本大幅提升，就不會造成電商經營市場的混亂。

反觀台灣，尚無專為電商業者所制定的專法，現今業者必須趕緊努力吸收產業相關智識及法規，建立自身客戶及通路群，個體戶邁向公司法人經營，才能在電商專法的規範下遊刃有餘。

5-4
長期經營不能不主動式的開發：
官網、關鍵字

A. 行銷不能只有單一方法：
社群廣告與 SEO 優化關鍵字

現今市場的電商社群行銷及技術操作，已經是每個企業經營者必備的通路之一，並且營造的業績營運佔比也越來越吃重，社群媒體的工程師們無不絞盡腦汁，希望將所有功能都留在自家設計的平台上，因此苦了為品牌企業操盤的小編們，需要時時去理解及破解演算法的程式設計，讓自家品牌企業依自己的方式，擺脫限制，可以順利曝光在消費者受眾的眼前，並引發高點擊率，藉此達到相對的績效。

由於 Facebook 臉書的使用者越來越多，從主核心 25-35 歲的受眾逐漸向下及向上年齡層擴展，並有多功能的素材可以呈現，例如：文字、圖片、影片、直播、新聞連結分享等，都可以運用在 Facebook 臉書的平台。然則 Facebook 臉書是一個非常懂人性的電商平台，知道消費者、讀者愛什麼素材，就將大家喜歡關心的素材議題輕易地讓大眾接觸，也就是高觸及曝光度，反之，只要乏人問津或過於銷售導向，就會降低觸及曝光，讓該篇發文很快的在動態貼文的洗版浪潮中消失。

另外，Facebook 臉書設計，鼓勵大家多多使用 Facebook 臉書粉絲專頁，歸咎其原因，無非就是希望使用者投入資金，進行廣告的購買與投放，成為

Facebook 臉書的廣告戶與其交易。但許多企業品牌小編在近來操作廣告編排時發現，觸及度有明顯下降的趨勢，效果也大打折扣，是大家不看 FB 了嗎？還是演算法改變了？答案肯定是後者。

Facebook 臉書自從推出直播功能後，相較於其他文字、圖文、照片、影片等素材，系統設定就積極讓直播的素材為第一優先曝光。如果這麼説，是否只需要不停的直播就可以順應演算法，獲得較高的主動觸及率以及自來流量呢？事實上，在系統的後台只靠這樣，是絕對不足以創造出足夠的流量與希望達成的業績效益，在 Facebook 臉書還希望直播後可以購買相關廣告，讓曝光度增加，所以創業者（粉絲專業擁有與管理者）會不斷的在動態貼文串中發現，來自於 Facebook 臉書的廣告推廣提醒跟鼓勵。

創業者、小編在購買廣告時不難發現，過往常用的結帳 Google 表單或痞客幫等其他電商系統，會被有條件的限制功能及影響廣告購買審查機制，現今的演算法希望企業主的相關資訊能單純的被消費者受眾瀏覽，而非直接點擊與購買企業主的產品，並希望將受眾流量導引至企業的官網，或許這是短暫的系統改版測試，也可能是未來的方向，這個舉動已經讓許多創業者、小編們措手不及，也積極地思考應對及配合的方式，將流量能順利導流至有效的平台介面上。

>>SEO 關鍵字優化
SEO 關鍵字優化又重新的被議論起來，為何要開始 SEO，其核心價值及功效，可以從幾個面向來看。

因為消費者受眾的消費歷程是複雜多管道的，會不斷藉由搜尋不同的相關名詞介面來找尋，所以需要不同的管道來曝光企業理念及產品勞務，Google 搜尋引擎就扮演著重要的關鍵角色，許多消費者習慣從 Google 查詢相關的連結資訊，長期經營 SEO 可以改變網站的體質及優化。

因為 Google 的工程演算是希望網站有固定的網址，另外所架設被瀏覽網站的伺服器頻寬要夠、網速要快（讓消費客群、粉絲受眾進入該頁面時，不會因為載入速度太慢而直接跳離該頁面），並且創業者、小編們發文內容必須深埋關鍵字及少用非關鍵字。

雖然 SEO 需要許多時間及人力的投入經營，但所發揮的效果是屬於長期的累積效益，比一般各家電商平台的 ROI 廣告轉換率 * 來得有效。CPC* 每次點擊付費的模式，相較於 SEO 雖然廣告效果立即出現，但只要廣告預算用完，就會立刻停止宣傳及觸及，並且廣告購買其間，需創業者、小編時時依流量觸及率修正受眾設定或重改文案內容。用時間序列來比較，CPC 是短暫的，而 SEO 是長期的。

$$\frac{（流量營收 \text{ X } 毛利率）- 流量成本}{流量成本} \%$$

ROI 廣告轉換率：用來計算所投入的廣告成本能獲取多少訂單。公式如左：

CPC：單次點擊成本，目標受眾點擊你的廣告所需付出的成本。

也因為如此，只要有相關需求的消費客群（粉絲受眾）可以不間斷的搜尋出自身品牌或企業，源自自身需求出發的動力，並藉由重複一而再、再而三的認知熟悉的狀態下，無形之中也就創立了品牌專家的權威地位。

如何優化各平台與各類型廣告投資報酬率，必須依照消費客群（粉絲受眾）喜歡的使用平台習慣，如：Facebook 臉書、Instagram、YouTube、個人網站部落格…等，在對的通路介面下廣告預算，並且要時時了解平台是否改變演算法或增添新的功能，跟上平台更新的腳步。

B. 社群平台不是長久之計：自己的官網最實際 📕

將自己的社群平台建置完成，只能算是完成階段性的任務，如同前文中所提及，廣告購買投放會希望能將流量引導回自己的平台頁面，因此自家官網的必要性就更加明確；在此提醒各位創業者，此處所意指的網站，不是指架設在其他大型電商平台下的賣場，這些電商網站亦屬於其他平台業主管轄，因此在使用上會有所限制，或者對於後台數據演算能夠控制的項目是相當有限的。

GA 分析程式：
Google Analytics。
由 Google 所提供的網站流量數據分析工具。

將流量導引至自家官網的觀念相當重要，但也不是所有的自架網站系統都適合，<u>創業者在選擇網站系統時，除了思考成本問題之外，網站的後台能否加入 GA 分析程式</u> * 是更重要的考量因素。

為什麼需要 GA 系統？因為在投放廣告時，不能只是一味的把經費投入，而未進行成效評估與優化，此時 GA 等各數據系統就相當重要，為的是讓廣告購買者能清楚掌握是哪些平台導引客戶進來？來自不同平台產生的業績貢獻如何？

創業者在撰寫廣告內容時必須優化，在文案中增加相關關鍵字，並排除被搜尋引擎否定的字眼關鍵字，將廣告依內容細分群組，將消費客群（粉絲受眾）明確分開，不要全部大鍋炒的操作，不斷蒐尋找出 CPC 成本高的關鍵字，若發現文案中有就應該立即修正或停止廣告。

另外筆者提醒，不要只針對某一個社群電商平台買廣告，應該依數據分析的結果來分配佔比，多加嘗試，以免將風險放在同一籃雞蛋裡，導致廣告宣傳成效全軍覆沒。

「再行銷」的觀念，是指許多消費客群（粉絲受眾）可能曾在官網或臉書瀏覽或購物過，或者只是曾經造訪，就必須建構程式，將整個過程記錄、歸納出來，在購買社群電商廣告時，把這些潛在的消費客群（粉絲受眾）找出來，以再行銷的觀念將廣告投放給他們，這時 CPC 點擊成本就會大幅降低，並更容易因信任而消費。

創業者及小編們，除了掌握核心行銷之外，了解 SEO 的優勢、學習官網的必要性，整個社群電商如何演變、如何串聯的邏輯觀念，皆是重要的學習課題，不能毫無所動的依過去模式操作。

過去實體通路已被第一波社群電商洪流所淘汰，這次是社群電商演算及邏輯重整的重要時刻，必須準備好應對才能跟得上新商機，並且時刻注意數位科技的演變及市場的接受度，才能適時適度地跟上市場變化，並且要預測變化。

>> 整體性的電商系列架構

由於消費交易市場極快速的從實體轉換到虛擬電商社群，國際知名品牌有鑑於此，紛紛改變過去的市場經營模型，從過往「設計研發→工廠製造→中大盤商批發→零售商→消費者」，這樣的單向通路結構，調整改變為「直接通路」，利用大數據的分析資料來了解受眾消費者，將消費者的需求直接對準設計研發端，互動溝通。這樣的經營模式改變了單向經營的思維與風險。

對企業經營而言，相對減少了許多經營的人事及通路成本，針對消費者需求的數據資料，讓設計研發單位不再天馬行空，而是精確地觸動消費者，設計製造出完全符合期待的商品或勞務。如此一來，相對於經營成本及庫存等問題，幾乎是買空賣空的狀態，大幅增加了企業品牌的競爭力。

雖然以此可降低經營成本，但另一個影響就是經營門檻的降低，無論是大型或中小型企業甚至個人，都能快速進入這樣的經營模型，所以如何利用社群平台吸引客戶、導引流量至官網，從零到一的整體電商整系列的架構，非片段式的，才是當今業者所需面對的棘手問題。

透過自有官方網站的建立，將原本分散於社群平台、其他平台的流量彙集，建立可以長久經營的關鍵字以及多元數位電商方案。

Facebook 臉書成功擴散的模式，在 Facebook 臉書上每篇文章、貼文對於多數使用者來說，都只有很少的機會獲得深入瀏覽與了解，因此在內容題材的選擇相當關鍵，但如果在社群平台、網站的介面上、命名上沒有辦法獲得較高的搜尋能見度，可能連這樣的機會都會擦身而過。因此，如果希望在經營 Facebook 臉書上有事半功倍的成效，那麼在於 SEO 關鍵字分析上就必須先行著墨，確立關鍵字分析後，必須開始思考粉絲受眾常用的搜尋引擎的搜尋度，如此一來才能讓自身的粉絲專頁、社團等平台更容易被搜尋出來，也更能夠累積人氣。

當你的 Facebook 臉書經營上已經不能滿足於文字經營的現狀，就必須增加影片、直播的素材，讓整體的元素搭配更有變化性，也更加有機會可以鎖定不同類型的粉絲受眾。同時，在 Facebook 臉書的經營上，廣告購買也是不可忽略的一環，透過付費的方式，由 Facebook 臉書的系統機制替你抓出新興的粉絲受眾，也能開發出不同的經營效果。

>> 主動式行銷 SEO

SEO 關鍵字分析是「Search Engine Optimization」搜尋引擎最佳化的縮寫，SEO 在網路世界中是相當重要的一環，也是可以贏得免費大量粉絲受眾、閱讀者的方法。若將這個分析應用得當，可以將整體細節精緻化，也可用來完善整體網站、社群架構。

通常 SEO 分析應用的範疇為一般網頁、網站，而非 Facebook 臉書，但是各位自媒體仍可以應用 SEO 分析，來進行社群平台、粉絲專頁、社團的命名參

Google 關鍵字 SEO 的養成並非一朝一夕，卻是長久的經營成效，可以發揮主動式行銷的效益。通常我們使用 Google 搜尋一個關鍵字，會先跑出有在 Google 投放廣告的廣告戶，但是真正能夠吸引目標消費者的搜尋內容，是能夠帶來主動搜尋度的第一個搜尋結果。

考，因為粉絲受眾的搜尋邏輯是相似的，是故在於命名上，必須找出消費者、粉絲受眾的搜尋慣性，如此方能增加自身自媒體的能見度。

Google 搜尋引擎針對台灣的網路使用者而言，在使用度上仍是名列前茅，當你今天想到要搜尋資料的時候，通常 Google 都是你的首選。因為這個緣故，各位自媒體在 Google 搜尋度的經營上也不容忽視。

依據 Google 搜尋的內容來説，在於部落格的文章、YouTube 的影片搜尋能見度，較 Facebook 臉書的貼文高，這也就是許多已經在 Facebook 臉書經營小有成果的自媒體，會同步開啟部落格、YouTube 經營之路的原因，同時也是我們不斷強調，必須將多個平台交互使用的關鍵；畢竟不同平台的強項不同，必須擷取各個平台的強項加以運用，才能有顯著的效果。

Google 搜尋的排序若能在越前面、相對就越好，以目前網路使用者、粉絲受眾的使用習慣來說，會習慣性的以前幾個搜尋結果來進行資訊閱讀；越精準的關鍵字、越高的排序，可以達到越好的宣傳、推廣成效，也因此有 Google 搜關鍵字廣告的產生。

>> 數位影音帶動多元傳播應用

影片是目前的主流傳播素材，像是 Facebook 臉書、Instagram、優美客、美拍、Snapchat、Twitter 皆對於影片素材相當追求（平台演算法的優勢流量），其中又以 YouTube 為最大眾化的使用平台，也是繼 Google 之後的第二大搜尋引擎。這個平台以影音的

傳播為主，近年許多爆紅的網路紅人、自媒體都是出自這個平台。

在這個平台可能會因為一支影片、一首歌曲，知名度就有爆炸性的成長。若單單經營 YouTube 這類型的影音平台，可能無法達到效益的最大化，通常會將影片用轉貼分享、重新上傳的方式，露出到自己的社群平台，藉此來增加能見度與瀏覽量。就操作方法而言，目前轉貼分享、重新上傳都有自媒體使用，效果以及成效不盡相同，不過都對於提升本身自媒體的形象、粉絲受眾量體有幫助，這兩種方法建議可以交互應用，如此可以有較多元的風格、以及加倍的成效。

不只是將影片放在影音平台上，更希望藉由社群平台的分享力度、資訊傳播能力，將影片的影響層面、成果層面做出放大、加分的效果，讓影片可以完整發揮，在 YouTube 點擊率與自媒體本身的知名度上，都能夠達到提升的效果。

直播更是跳脫傳統媒體單項訊息傳遞的里程碑。直播的內容不設限，而且有種讓直播主與觀眾、粉絲受眾彷彿在同一個空間中，面對面、互動聊天的感覺，在網路世界中增加些許人味及互動，也因為直播不像一般影片可以透過剪接、後製創造出完美的感覺，直播的即時性、不可修改性讓許多觀眾更有真實感，也讓更多的人味產生。商業模式無論在實體或虛擬上進行，我們不能忘記所面對的是人，除理性訴求分析外，需要的核心價值是一顆懂消費者的心。

5-5
進階賣場專業化，專業不能少：
以服裝時尚為例

A. 不要沉淪在同業中，專業化才能創造差異化 📑

當銷售市場轉變成為垂直化（直接通路）的狀態，商品的資源整合力道相對強烈，能夠提供的商品品項也較為多元豐富；對於消費客群而言，當然是正向的發展，因為能夠在較少的地方（廠商業者）就獲得相同的商品品質、多元性，甚至可以有更漂亮的價格（規模經濟）。

相反的，對於廠商業者而言，則是一個挑戰，要如何讓消費客群在這麼多的選擇中僅僅鍾情於你？這時候創業者就要捫心自問：我有什麼特別的呢？當然，在這個階段上會有很多的創業者說：我用價格跟他拼下去，打著全場最低價就會有消費客群了！

低價策略僅是方法之一，而且並不是一個可以長久解決的辦法，這一次會因為價格的考量選擇你，下一次消費客群有購物需求時，也會因為價格因素選擇向其他的廠商業者來購買。僅以價格為購物誘因，不容易創造出消費客群與品牌（廠商業者）之間的信任黏著度，也較難創造出長久、且消費力道穩定持續成長的消費客群。

那麼想要針對目標消費客群來增加買賣雙方的黏著度，甚至培養出消費 VIP，這時除了單純的買賣之外，創業者（廠商業者）就需要在消費客群中建立

出自己與同業的差異化；這些差異化並不是只有銷售品項的風格差異，在賣場形象以及能帶來的附加價值，都屬於差異化的範疇。

何謂附加價值？簡而言之，消費客群從你身上能購得到商品之外的其他收穫（有形或無形皆可）。有形的收穫，具體的就像是行銷贈品之類，這一些收穫是可以用金錢去處理衡量的，是故如果養成消費客群的慣性後，就有可能若未來不提供贈品即會降低購物的欲望，發生如同價格戰一樣的風險結果。

因此，無形的附加價值就相對更可貴，同時也是較不容易被取代的價值。讓消費客群在進行消費購物時，所期待獲得的除了商品之外，還有專業化的建議，甚或是能從中獲得使用方法的增進等等，都屬於無形的附加價值。

想要擁有無形的附加價值，對於創業者而言是需要付出一些成本的，比如說需要進行專業技能與知識的進修，或是自我反覆練習，讓技能熟能生巧；以銷售飾品的創業者為例，懂得飾品的搭配，屬於無型附加價值的範疇，但卻是入門款的技能，若能夠更上一層樓的，一併連同飾品的重組、修復都收入自身的口袋技能，對於消費客眾而言，今天跟你買的就不只是商品，連同創業者的技能與美感都是購買的項目。

當然，這些附加價值也不是免費的一直任由消費客群索取，創業者可以將這些技能的附加價值也列入成本，同時反應進入售價的面向，讓自身的商品從

本身的實體商品財，進階成為一種知識財的領域，更可以將這樣的技能與財富（知識財）做為未來進接品牌之路的一個差異化跳板項目。

B. 服裝流行市場的專業化經營魅力所在

進入這個產業，許多業者都是從買與賣開始，最初的選貨邏輯來自於自身的喜好，以及對於目標消費客群的假說，在一番時間的洗禮淬煉之後，越來越能清楚掌握目標消費客群的喜好輪廓，知道要進貨什麼樣的商品，消費客群能夠接受也願意購買，但如果創業者一直固守這樣的經營邏輯，雖不能說會賺不到錢，但是在同業同類型的競爭者出現後，就較難維持原本的巔峰狀態。是故，許多業者就會有「乾脆我自己來設計」這樣的想法，但是設計這個領域並非人人都能夠如魚得水的掌握。

想要進入自己設計的這個領域，除了需要具備自身的審美素質與設計轉換溝通能力，對於服裝商品的材質、製成、版型等專業技能都要有所涉獵研究。雖說現在服裝流行的產業鏈分工已經是非常常見的狀況，可以將製作的過程透過外包方式處理，但身為創業者（設計者、銷售者），若對於這些項目都一無所知，會很難取信於消費客群，也非常有可能在設計的決策上太過於天馬行空，忘記了這些設計成品是需要穿戴在人身上的，若無法經由設計跟人產生共鳴的商品，在銷售上也只是藝術品而非產品。

另一種太過超乎常理、天馬行空的狀況，則會產生

製作的成品無法完整詮釋出設計者原本預計表現的情境與美感（因為在製作執行層面，將部分無法詮釋轉化的線條變成合理可以執行產出的狀況）。是故，創業者即便不需要親自進行商品的製作流程，也不能忽略對於這些專業技能的了解；同時，在這麼做的同時，也是將自己的品牌增值之路做出前導規劃的準備。

若用銷售層面來討論專業技能的重要性，這時候筆者就會希望創業者及其聘請的銷售人員（員工），能夠對於商品的版型、材質、搭配有所了解，如此在面對消費客群，更甚是透過線上社群直播銷售之時，可以將商品介紹得更加活靈活現，也能避免出現介紹之辭彙量不足的問題。若不具備專業知識，相當容易在介紹的用語上重複出現「好漂亮」、「好顯瘦」等過於籠統，並且較難讓消費客群感受到實際商品狀態的情形。

若今天對於一件夏日長洋裝的介紹，不用上述過於籠統的說法，改成：「這一件洋裝的材質是麻質的，穿起來相當涼爽，非常適合炎熱的夏天，同時布料柔軟有垂墜性，一陣風吹來的時候還帶有夏日的風情美感；腰部採用高腰剪裁，拉長身體比例更顯高，同時側面的剪裁版型搭配上微微深一度的顏色變化，能創造出身型陰影的變化，更加顯瘦，領口採用大U的線條，露出性感的鎖骨與頸部線條，更增添女人味。」這樣的整體介紹，會比單純運用籠統的形容詞生動，可以快速將一個單品解構，並且說明每個設計細節在服裝穿搭上的意義，這就需要透過專業知識的累積。

這些專業化的知識技能是其他同行競爭者無法快速複製並取而代之的，創造出自身品牌賣場的專業差異化，才是創業者收攏、增加與目標消費客群黏著度的重要關鍵，更是其中的致勝原因；切記，讓消費客群跟你購買的不只是商品，而是魅力（創業者、品牌的魅力），覺得跟你買東西，在商品之外能夠獲得的是一件對於專業技能的重要體驗與享受。

專業化與差異化也許聽起來虛無飄渺，但當你擁有這樣的技能，便可以讓買賣超脫金錢數字的衡量，而是一種情感的依賴，這樣你就贏定了！

一個人創業不能停，放眼未來商機

6-1
從過去看現在：
年終檢討的重要性

A. 你買的是價值還是 CP 值？品牌化的建立

現在的社會已經不是過去傳統的時代，與我們一起競爭的會是跨產業、跨類別的競爭，因此在進行規劃時，要以消費者的感受為主要條件，將商品改善並且提高自身品牌的價值。

一個品牌要鎖定自己的消費客群，再去了解他們的核心需求，這也就是品牌價值的定位。創業在此時必須要思考：我們能為顧客帶來什麼？如何滿足消費客群的購物慾望與實際需求？藉此增加消費客群與品牌之間的黏著度。那麼，為何品牌故事對於整體品牌的經營有相當的重要性？從品牌故事出發，是讓顧客了解品牌的價值，再經由這個價值的塑造，創造出屬於品牌與消費客群都能認同的價位。

品牌行銷與單純的行銷商品不同，在品牌的行銷上，所著重的是「價值」，然而商品的行銷重點則會放在「價格」。現在社會的消費客群都喜歡 CP 值（性價比）高的東西（行銷手法），一樣的東西（商品、服務組合也在此列），價格越低廉消費者越喜歡；但是相反的，消費客群在購買知名品牌時就不是以價格為主要的考量，此時業者賣的即是「價值」。

當你所販售的是價值而不是產品，消費者比較不

會去計較生產成本；品牌就是在人（消費客群）的心中創造差異而已，為什麼相同的東西只差在LOGO，卻有不盡相同的價錢？類似的商品但創造出的價值卻也不同？不管產品、個人、組織都需要建立品牌。比如說：現在這個時代，網紅就是把自己當作一個品牌在經營，有了粉絲受眾、支持者，若未來想要憑藉著自身的人氣基礎創業、賣東西，大家（粉絲受眾）也都會支持，因為事實上販售的已不是產品，而是個人這個品牌。所賣的是個人的價值，因為這品牌代表他自己，而這商品勞務就應該要有這個價位；因此可以知道，把自己當品牌經營也能創造出很多價值。

明確的目標客群設定搭配正確的經營才能有效創建品牌成果。

>> 網購紅海的品牌行銷策略

接著是品牌定位，創立品牌後會先鎖定大範圍客群年齡層，尋找自己的定位（此處鎖定出的範圍會先透過講求宗旨的理念來執行），從中去尋找這一個年齡層區段中的目標消費客群所喜歡的議題，並且針對這些客群的喜好進行行銷廣告、活動的推廣。

在所產出的文宣中貼上、安插進品牌理念的標籤，告訴消費客群我們的訴求等等；在附加贈品的選擇上，與品牌理念相同，都是行銷的一環，因此當贈送給來店試用的消費客群，他們就會透過這個商品贈品及文宣，對品牌定位更有記憶點。

品牌行銷策略，或許剛開始都是以網站開始做，還沒有足夠的資金做到實體店，但虛擬群網平台要當成店面在經營（既然消費者都來到你的通路了），就要想辦法讓他們花更多時間在平台上，並且願意

消費。沒錢開店面，那至少虛擬社群行銷平台上要做得好看，與自身品牌的質感相符，讓消費客群進來網站，就可以感受到這個品牌的氛圍。

收集消費者資訊也很重要，讓他們加入會員，輸入個人資料等，很多消費客群會想比價、以及因好奇而加入會員，但這個方法有好處也有壞處。好處是店家可以收集、及更詳細地從後台分析會來逛網路商店的客群，是什麼讓消費者願意停下來加入會員、甚至是購買商品；相反來說，壞處則是有部分消費者非常謹慎保護自我個資及稍嫌繁瑣，不太願意填寫相關諮詢，因而無法達成最後的交易。

以前總是擁有實體店面後再去創建網路社群，但現今都是以網路市場作為優先平台，只要有心、人人都可以當老闆，通過大型電商平台、通訊軟體（如：Line）、社群軟體（如：臉書Facebook、Instagram）等等，就可以買賣東西。

在這網路購物競爭的時代，要讓消費客群留下好的購物體驗相對重要，因為創業者必須要在人人都可以當賣家的紅海中脫穎而出，這一片紅海又常常充斥著亦真亦假的低價商品，消費客群又經常會因為價格低廉的CP值問題，而產生我們不希望看到的結果（廉價次級品充斥）；因此創業者如果想要從中創造出消費客群非買不可的理由，除了本身對於自身品牌的虛擬社群形象經營之外，若能逐步進行消費體驗店（展示店）的線上線下串聯，則更能夠讓消費客群確實體驗到商品的真實性，降低因為圖文不符、或是想像落差導致的負面購物體驗。

尤其創立一個品牌，需要讓這品牌存在得有價值，才能把商品的標價訂於理想中的價錢。如何鎖定顧客也相當重要，為誰而設計？為誰而做行銷？都要思考清楚，包括事前的行銷策略企劃，後續的企業經營成果檢討，都須經過檢核檢討後，依據經濟及管理指標數據分析，才能做出最佳未來的趨勢方向預測。

B. 掌握數據化回顧過往，預估來年目標市場

針對經營，不能沒有數據觀念的支持，因此許多企業主（創業者）開始利用數據及數量分析模型，自行或由財務部門結算會計成果，分析去年的努力是否有所獲利與經營成效，作為來年企業經營方向，及營業目標制定的重要參考指標。

筆者歸咎，許多企業主去年虧損的原因，往往是一開始的目標制定太低或過於浮誇，使得營業績效淪為一種口號及形式，另外在經營過程中，沒有精確的控制、評估成本及費用的比例，使得許多方案花費沒有達到預期的績效回饋。又甚至過於節省，讓經營績效無法順利發揮出來，對於企業來說都是一大損失，白白耗損一整年的時間。時間就是金錢這個道理，在企業經營規畫的流程中顯得相當關鍵及致命，俗話說計劃永遠趕不上變化，但預估計劃往往是經營的根基方向，若沒有大體骨幹的企劃，就不可能應對無時無刻市場環境的瞬息萬變。

以數據分析經營成效，就必須仔細將下列項目表列出來，分別評估不同的時期，該花多少額度，評估

後考慮一下自己是否都將款項準備好了，還是有所缺乏。若真的不足，再想想哪些部份目前階段不需要，或是可以將其款項作減少支出的分配。

📄 | 商品採買或設計製造成本 |

此為購買或製造商品的直接成本，購買金額的多寡將會影響營業收入。

📖 | 通路等費用 |

此處的通路成本，除了表面上的店租，另外在經營上還有道具設備、生財工具等項目的費用支出，都需包含在此項中估算。

📖 | 雜支相關費用 |

常見項目有人員薪資、水電、勞務費、其他雜支等。

📖 | 企業預備週轉金 |

週轉金的計算方法，以半年以上固定支出為基準，許多企業主們會將此項（預備週轉金）金額省略掉，但此筆金額在經營面上相當重要，幾乎是保命錢的概念，若沒有準備，可能會發生週轉上的風險，是故建議一定要準備，經營上會較為安穩平順。

如何清楚知道及預估款項在不同的時期，該花多少費用及支出多少？利用「損益表」的概念做為計算範本，可以藉由此表知道哪些項目超出比例範圍太多或太少、是否需要調整？企業去年所投入資金後，到底能不能賺到錢？所買的商品到底夠不夠賣？或是企業能發多少薪水？通路及辦公室租金多少才合理？都可藉由損益分析表清楚列出。

| 損益表計算範本 |

項目	百分比佔比
營業額（未稅）（營業稅為 5%）	100%
商品成本（直接成品）（副料以及生產製程皆算）	50%（最大值）
毛利（進帳─商品直接成本）	50%（最小值）
費用（租金、薪資、水電、文具等）	30-40%（最大值）
淨利（稅前）	10-20%（最小值）
淨利（稅後）	10%（最小值）
毛利＝營業額 ─直接成本 淨利＝毛利 ─費用 淨利稅前＝為企業營業所得稅	

一般而言，毛利及淨利都需要採取越多越好的方式策略，所以盡量控管商品直接的採購成本及費用的支出比例，才能獲得可觀的利潤空間。其中在費用項目的支出部分，人事薪資及租金通常是佔據最大的，若想要有好的營運績效，人事支出及租金各自最好控制在 10% 內，如此一來淨利空間才會增加，事業體的營運會比較有多餘的資金收入可以運用。

要如何將所批貨採購回來的商品盡量都賣掉，且將先前商品出清的計算方式，就是在預計採買前，先將上一次所買回但尚未賣出的庫存商品拉來，一同計算認列，估算一下還有多少產值及價格，將這些商品價金從預計採買的金額中扣抵掉，如此一來，雖是過季上一期的商品，仍會有業績上的貢獻，買家們也不會一味的批貨採購，沒有顧慮到還剩下多少可利用的資源，必須想盡辦法將上次庫存之商品貨量，轉換成實際的業績、帶來收入。

SWOT：關於經濟的機會與威脅，產業的優勢與劣勢分析方式。

五力分析：用來考量評估品牌在市場的位置，是否具有優勢的議價空間，五力分別為上游端的原物料供給商、中端的品牌企業、下游端的消費者，在側端的兩股力量分別為競爭者及替代者。

逆差銷售成本：一個國家拿大筆的資金向國外購買商品，所造成的資金嚴重外流情況稱之違逆差。

「擔保品通融及成數」：中央銀行可以調控的政策，讓銀行對放款所需質押多少擔保物件及可以貸款出多少金額的比例，藉此來做為市場資金調控機制。

預估制定明年度目標市場，除了一般基本企管學裡的 SWOT*：機會與威脅、優勢與劣勢，及波特產業鏈五力分析 * 之外，需考量國際經貿政經情勢，由於現今市場處於全球化資本主義的環境之中，任一國際事件及衝突就會影響交易市場的興衰。

例如：中美貿易戰徹底影響了產業鏈結構的改變，生產基地的移轉，甚至因為外資對於美元的不信任，轉而大量採購日圓，造成日幣連日來的瘋狂升值，若有經營日貨的廠商業者，其海外採買成本就有可能大幅增加。

除造成貿易的逆差銷售成本 * 的提升將影響企業的獲利，另外企業主們必須了解經濟指數的意義，才能了解現今及預估情勢，做出理性的分析及制定可行的目標。企業主的經濟評估參考指標有下列各項：

| 國民生產毛額 GDP、GNP |

可以知道該國家人民一年擁有多少的收入，是否有足夠的消費力。

| 經濟成長率 |

為民間消費＋政府消費投資＋存貨變動＋商品勞務輸出及輸入，除了了解市場有無成長外，必須重視項目配比。

| 貨幣供給額 |

是處於 M1a、M1b、M2 哪個階段？查詢央行所制定的「利率 I 指數」及「擔保品通融及成數 *」，匯率相對是下降還是上升？是否會造成通縮或通

膨？「物價指數 CPI」的漲幅程度，以及景氣信號
的狀態等。

上述的經濟數字都能協助企業主們評估市場景氣及
與國外經濟情勢等的相互關係，唯有精確的分析，
才能有效掌握企業經營目標及策略。

6-2

從現在看未來：
新零售市場的未來趨勢

**A. 數位科技新浪潮，如何面對
新零售市場的轉變**

企業（創業者）因為電商興起，改變了消費市場，紛紛投入電商平台的操作，但無論如何學習相關程式、文案、照片、直播等經營技巧，並透過廣告的投放，都無法打動消費者的心，產生購買的最終效果，更遑論再次宣傳回饋等後續期待；關鍵原因就是忽略了行銷，太過於著重技術面的操作。

即便網路行銷、社群行銷的速度，相較於傳統行銷學的發酵速度快、變化速度高，但在於整體操作的策略理論是相似的，一樣可以透過「行銷法則的前、中、後策略」來進行整體的進程規劃。

現今消費市場轉換非常快速，不適合僅依靠傳統的思維邏輯去規劃市場行銷，執行行銷方案與廣告推廣投放的時候，必須進行 KPI* 的成效管理監控，隨時檢討與調整對外的溝通方案（行銷方案的說法、素材呈現方式），以應對快速變化的市場喜好。並且時時對於廣告投放進行追蹤檢測，除了一般性橫斷面檢測之外，也會利用不同數量研究分析（如：SEM 等高階分析法*），來測量構面模型* 間是否有殘差，進而影響變數間的關係及指標間的信效度判別。

KPI：Key Performance Indicator，企業經營重要的關鍵績效達成指標。如：客戶服務、商品品質、企業數位化等。

SEM 等高階分析法：統計數量分析的高階計算方法。透過此方法可知道許多狀況是否有決策的可信度與價值。

構面模型：許多事件發生的因果關係就會成立一個構面。構面模型即為許多原因所引發的結果。

新零售的浪潮開始之後，全球各地的消費者，開始在購物經驗中尋找更多的意義。在現今資訊大爆炸，電子商務如此發達的時候，購物變成一件輕鬆容易的事情，但也讓購物這件事失去了更多的意義和儀式感。人們更需要的是有吸引力，能激發靈感、改善生活的商品及勞務。每一件商品所賦予的故事，購物過程中的經歷，一路上所吸收到的知識和專業意見，接受到的服務…等，都在消費行為中扮演很重要的角色。

人們開始更期待購物能夠撼動心靈，獲取更深刻的文化認知，也更希望產品具有一段難忘的故事，能在腦海中留下深刻印象。當所有商品變得千篇一律，平平無奇，我為什麼要掏錢買這樣商品？網路購物經常打著選擇多元、價格更加低廉（高 CP 值）來爭取消費客群的支持；反觀，實體通路的業者們，若無法創造出自身獨特的吸引力（魅力因子），便會在消費客群中相形失色。

靈感和創意在行銷上亦是如此，如何脫穎而出？在短短幾秒鐘抓住目光，成為非常重要的事情，一般來說，呈現素材最好在 3-5 秒內，就能抓住消費者的眼光；另外還需要設計安排很多的環節，讓消費者自然買單。

>> 創新行銷方案應變市場變遷

在這個高度商業化的市場環境中，無論是消費客群的大小、供貨處理的效率、價格競爭力，或是透過多樣化商品創造出的長尾效應的能力，虛擬社群平台的確更勝一籌。但如何有效率地交易進而完成一

張訂單，並不一定都是消費客群在購物時尋求的終極目標，更想追求的是深入了解這個品牌背後的文化和意義。

不過，在設定行銷方案時，還是要特別注意其中的比例與手法，避免用過於理性的方式去行銷，會讓消費者感覺這個品牌只是想賺錢。消費客群在接觸到行銷方案的時候，就會開始進行購物與否的思考，這個目標商品能夠帶給我什麼？以我而言，如果想要引發慾望，購買一個售價很貴但沒有什麼用的商品，通常觸發點都來自於情感連結；可能是因為小時候的一個回憶，或是它帶來的故事很美，感覺買的不是一件物品，而是一個有生命、有文化價值的商品。

行銷不是一種包裝，或者說成一種欺騙人的手段；正確的定義：「行銷」是一種創意的發想和來源，如何讓產品變得更有意思，讓人想要靠近，這其實需要精心的佈局和設計。

現今的創業者、經營者除了大膽地運用創造及想像力，更需擁有經得起挑戰的多方技巧和資源，現代經營者團隊規模多半不大，不僅要在品牌定位、商品展示和銷售策略上發揮創意，也必須身兼多勞務工作，如設計、商品製造、店能管理、電子商務經營、網路平台維護和虛擬行銷的方式…等，考驗了創業者的應變精神。其中，需要做到的是能以開放的心胸順應新的改變和外界影響，以不同的商品企劃和經營方向，回應大環境的文化變遷，讓自己在這個快速變化的產業中，不至於被市場所淘汰。

>> 數位轉型：發現驅動思維

用「數位化專案」來啟動組織轉型、數位轉型很複雜，需要用新方式來制定策略。若是大刀闊斧為了改造投下巨資，自以為擁有一切資訊，可能會引發企業內部的全面反彈，從趨避風險、厭惡相關的改革專案到抗拒改變，都可能發生。

「發現驅動型」* 的方法，可以讓領導人跨越數位轉型的常見障礙，從小事做起，持續花小錢做各種實驗（測試），並從中學習到很多（成功經驗、失敗案例），可協助品牌吸引到早期支持者及早期採用者。

接著迅速行動，並展現這些行動對財務績效指標的明確影響，如此就可以為數位策略提出良好的理由，並透過學習進一步制定明確的數位策略，也可以用數位化專案來啟動組織轉型，隨著大家愈來愈習慣數位科技促成的橫向溝通與活動，企業組織也會開始接受新的工作方式。

相較於新的競爭對手（新進入該市場的經營者），既有公司擁有一些很大的優勢，付費的顧客、財務資源、顧客和市場資料、更大的人才庫…等；但企業領導人必須把敏捷性和創新力，整合納入更廣泛的組織中，傳播新的數位思維方式，同時，盡量減少對現有事業的破壞。

「發現驅動型」方法，可以處理這些挑戰，先聚焦在成為現有產品的替代產品；這並非是說新市場的創業者不進行差異化，或不該追求差異化，而是一

發現驅動型：藉由事件的成功或是失敗來引導與驅動企業主學習的動力。

區塊鏈大數據：不同的產業領域共同組成一個區塊，彼此分享消費客群的行為。並從中收集數據資料作為判斷的參考。

AR：虛擬實境。將銷售場域進行拍攝並置入於虛擬網路中，讓消費客群得以在網路上就如同親臨現場一般的進行購物與互動。

隨經濟：Ubiquinomics。隨著虛擬多媒體充斥在我們生活之中，使得消費客群隨時隨地都可以交易購物創造經濟。

開始的主要競爭重點，幾乎一定要擺在現有產品的替代產品，而不是把重點放在他們的新市場競爭對手，在公司內部執行那些活動就是合理的。

既有的企業擁有漸進式優勢，因此需透過目前的資源去探索構想、實驗與營運，以利轉型的推動。過去大家很了解公司與市場之間的分界，兩者的界線區隔也比較固定，但近年來，數位科技改變了一切。以前公司內部自行處理工作會比較有效率，但隨著數位科技的發展，公司開始能把其中許多工作交給市場來進行（例如：虛擬社群及數位行銷公司等平台），像是選擇供應商、議價、執行合約、管理付款作業⋯等，讓業者很容易外包一些功能，這個改變能讓企業節省人力，並大幅釋出許多原公司企業內部的勞務技能。

企業學習數位科技並確實轉型，讓消費客群能隨時、隨地、體驗式的瞭解產品及勞務，並利用區塊鏈大數據*、AI人工智慧、AR*及第三方支付系統等，讓消費者由原本的B2C轉換為C2B的回饋，並且讓資訊的置入移轉，從過去媒體的強連結，轉換為生活中無時無地、無所不在的弱連結，一種隨經濟*的市場新零售已經開始運轉了。

B. 全球產業鏈的破與立，走向新的局面

中美貿易戰以及這一次的疫情到來，嚴重衝擊世界的產業鏈結構，將以往全球化經貿市場的系統邏輯徹底打破。從先開始的貿易戰，中、美兩大國間的衝突，就已經造成部分廠商（業者、創業者）產業

鏈的部分移轉，逐漸從中國製造市場移出，另尋他地。原有的製造工廠事業外移，造成了中國內部的問題浮現，因此當局便開始思考著城鄉及貧富差距、大量農民工、教育不夠普及、醫療資源不足、地方基礎建設不夠完善、甚至金融外匯交易系統的修補…等問題。

中國當局意識到，不可再依賴著全世界、歐美大量產製所創造的就業率與 GDP* 成長，目前仰仗製造生產端所創造的經濟成果，是一個經濟繁榮的假象及泡沫；於是開始限制人民出國自由行的機會，並希望以政府的力量帶動企業投資及升級，發展自己的精緻品牌，不再讓人民一直消費國外的品牌商品，而是希望人民信任國內的品牌，創造大中國經濟思維邏輯。

想要如同當局者所希望達成的結果：提升人民所得及內需成長外，希望以成品輸出賺取外匯，而非一直仰賴故有的產業鏈，以原物料或製造代工端賺取外匯。此次的疫情狀況是危機更是轉機，快速摧毀正在運轉的一切，同時進行變化，走向另一條新的道路面向。

隨著中國春運的人口移動，造成除了中國外全世界的大瘟疫災難，除了封城斷鏈外，迫使原先重度依賴中國的各國經濟區域市場必須面對，沒有原物料、沒有商品銷售，更加沒有消費者的嚴酷窘境，中國隨著不確定風險高度提升，不再是那個擁有龐大商機與世界工廠的中國，許多跨國企業的中國夢瞬間被打醒。

GDP：國民生產毛額（Gross domestic product）。用以計算一個國家人民的平均年收入所得，通常以美元計算。

經過這次的衝擊，許多國家紛紛採取斷航及禁入境等極端措施，等於是阻絕了人與人之間的互動與交流，斷絕了人際移動與交流，也就等於宣告阻絕經濟。各國政府除當務之急的防疫外，很實際的開始研擬：如何紓困產業？例如：優惠企業紓困貸款、產業轉型提升的升級計畫、紓困放款，這些作為都僅僅是暫時治標的策略模式。

當前各國政府所需要開始運作的事，除發放消費券或振興券等措施，刺激國內的內需產業經濟外，最重要的是必須零存整付，開始鼓勵個體戶進行微型創業、進行跨國事業，積極投入個人及產業培訓，讓更多人找到方法進入並開創事業與產業。

通常創業者聽到跨國事業的反應是：好難，我只是一個人，應該做不到！筆者要在這邊要打破所有創業者替自己建立的隱形框架限制，想要進入這個領域，開始創造自己的新興可能性（事業體），不是不可能，只是你有沒有找到對的管道，並且運用對的方法開始進行。

在進入之前需要一整套完整的規劃訓練及產業分析，針對已在線上的產業，則是進行研發升級，擺脫傳統代工製造或是純觀光的基礎服務業，唯有開始拉升產業的等級，才能留住高端專技人才，另外藉由跨國商品及勞務技術的輸出，才能增加產能及就業率，這是一個循環的觀念，擁有高獲利、高端精緻商品及技術，才有國際議價能力，這樣狀態下，國內旅遊觀光及一般基礎服務業才有生機可言。

從中國疫情所引發的斷鏈效應，轉換為碎鏈式的鎖國保護主義成為區域特色經濟，不再重度依賴某個製造大國及區域市場。在現今區域鎖國保護經濟的狀態下，短期間會受到崩壞式的衝擊，若無法渡過就會呈現倒閉潮；但另一方面而言，也是企業產業盤整的最佳時機。

很多企業之前所規劃的方向及訓練，由於過去可能危機意識不足，沒有體會到相當的急迫性，因此有所延誤，現在許多企業迫於業績短缺，無貨、無人、無收入狀態，則開始啟動企業內部訓練及制度盤點，開始思考企業經營是否有更多元方向的可能性，這是逼迫企業快速成長的一帖猛藥。

企業開始檢核人力及職務的重新配置，評估決策及行政的流程，教育訓練的時間及安排也都開始提前，就是希望努力渡過艱難的這一關，期許不放無薪假、不裁員，並將過去累積的特休放光、採取彈性配置調班，用以節省不必要的費用開支。

對於企業外部資源獲取及多元化業務的開展，發展新事業是刻不容緩的，開始著手於線上、線下虛實的通路整合系統，不少企業開始帶入數位科技網路社群行銷模式，打破過去過度依賴商圈人群的據點式販售，將企業形象曝光於多媒體社群，讓消費者從了解到熟悉漸進到信任。

另外，無論利用直播、或影片，都可縮短消費客群（粉絲受眾）與商家的距離，讓商品可以精準的介

紹給消費客群，並廣泛的收集業內資訊，建立類似微新聞概念，讓消費客群（粉絲受眾）可以得到相關的第一手情勢跟資訊（藉此創造出自己品牌與同業間的專業差異化），並做出資訊的比較，甚至可參考話題性知識的分享，並結合社群平台曝光（甚至銷售），再配合多家電商銷售及自建官網平台，讓消費客群無時無刻都能看見企業露出。

新的經營模式趨勢並沒有改變，往後 AI 人工智慧、虛擬實境 AR ／ VR、大數據演算、虛實線上線下整合、產業區塊鏈串聯…，這些都持續在應用進行。現今企業如想在這一波危機下，將危機變成轉機，就一定得加快腳步執行。

改變是一場跟時間的競賽，如同醫療系統對抗疫情的狀況，在完全沒有疫苗及後續特效藥的狀態下，以支持性的方式補上緩解，與時間競賽追趕。時間也是最公平的一個軸線，創業者如果不願意改變，時間依舊往前走，而且是一去不復返，如果想要讓自己在分秒必爭的壓力下找到生機，就必須開始執行改變，並且改變的時效性要夠快，才能讓每一次的衝擊與趨勢變化都可以超前部屬、完成準備。

創業者在企業經營上，往後與各國的交易跟商機洽談，不再一定需要人的接觸移轉，利用數位高端網路科技，將世界各國的資源市場彼此串鏈，成為技術勞務及商品移轉流動的經濟體；在這一次的斷鏈後，全球各地市場產業的重整，經濟現今的崩壞，就是奠定未來經濟指標、爆發反彈的力道。

未來市場經營除了數位科技、大數據分析為主導外，隨經濟從過去強連結，轉化為無時無刻吸收資訊的弱連結，使得目標客群（消費受眾）不再是僅出現於特定的時間、空間才能接收到有關商品、勞務（創業者們所欲提供的項目）的訊息，而是隨時與生活息息相關。

另外企業不可單一面向僅利用數據測量的軟資源作為判斷以及決策的參考指標，也需要廣泛應用動態策略模型儲槽系統去計算資源的投入與產出，讓企業更加在未來市場擁有競爭生存韌性及力道。

迎戰微型創業新零售，跨境電商全攻略

批貨技巧→品牌形塑→跨境經營，
打造業績無上限的獲利心法

作　者	黃偉宙、陳若甯
美術設計	Zoey Yang
社　長	張淑貞
總編輯	許貝羚
行　銷	曾于珊

發行人	何飛鵬
事業群總經理	李淑霞
出　版	城邦文化事業股份有限公司　麥浩斯出版
地　址	104 台北市民生東路二段 141 號 8 樓
電　話	02-2500-7578
傳　真	02-2500-1915
購書專線	0800-020-299

發　行	英屬蓋曼群島商家庭傳媒股份有限公司城邦分公司
地　址	104 台北市民生東路二段 141 號 2 樓
電　話	02-2500-0888
讀者服務電話	0800-020-299（9:30AM~12:00PM；01:30PM~05:00PM）
讀者服務傳真	02-2517-0999
讀者服務信箱	csc@cite.com.tw
劃撥帳號	19833516
戶　名	英屬蓋曼群島商家庭傳媒股份有限公司城邦分公司

香港發行	城邦〈香港〉出版集團有限公司
地　址	香港灣仔駱克道 193 號東超商業中心 1 樓
電　話	852-2508-6231
傳　真	852-2578-9337
Email	hkcite@biznetvigator.com

馬新發行	城邦〈馬新〉出版集團 Cite(M) Sdn Bhd
地　址	41, Jalan Radin Anum, Bandar Baru Sri Petaling, 57000 Kuala Lumpur, Malaysia.
電　話	603-9057-8822
傳　真	603-9057-6622

製版印刷	凱林印刷事業股份有限公司
總經銷	聯合發行股份有限公司
地　址	新北市新店區寶橋路 235 巷 6 弄 6 號 2 樓
電　話	02-2917-8022
傳　真	02-2915-6275
版　次	初版一刷 2020 年 9 月
定　價	新台幣 360 元 / 港幣 120 元

國家圖書館出版品預行編目（CIP）資料

迎戰微型創業新零售，跨境電商全攻略：
批貨技巧→品牌形塑→跨境經營，打造業
績無上限的獲利心法 / 黃偉宙，陳若甯著.
-- 初版 . -- 臺北市：
麥浩斯出版：
家庭傳媒城邦分公司發行 ,2020.09
　面；　公分
ISBN 978-986-408-625-2(平裝)
1. 電子商務 2. 網路行銷 3. 創業
490.29　　　　　　　　　　　109010977